核与辐射突发事件

——大众应该知道的应急救援知识(第二版)

主　编　吕中伟　夏伟　韩玲

副主编　左长京　余飞

中国出版集团有限公司

世界图书出版公司

上海　西安　北京　广州

图书在版编目(CIP)数据

核与辐射突发事件：大众应该知道的应急救援知识/吕中伟,夏伟,韩玲主编. —2版. —上海：上海世界图书出版公司，2023.11

ISBN 978-7-5232-0855-7

Ⅰ.①核… Ⅱ.①吕… ②夏… ③韩… Ⅲ.①辐射防护 Ⅳ.①TL7

中国国家版本馆 CIP 数据核字(2023)第 206451 号

书　　名	核与辐射突发事件——大众应该知道的应急救援知识(第二版)
	He yu Fushe Tufa Shijian—Dazhong Yinggai Zhidao de Yingji Jiuyuan Zhishi（Di-er Ban）
主　　编	吕中伟　夏伟　韩玲
责任编辑	魏丽沪
装帧设计	袁　力
出版发行	上海世界图书出版公司
地　　址	上海市广中路 88 号 9 - 10 楼
邮　　编	200083
网　　址	http：//www.wpcsh.com
经　　销	新华书店
印　　刷	杭州锦鸿数码印刷有限公司
开　　本	787mm×1092mm　1/32
印　　张	4.875
字　　数	104 千字
版　　次	2023 年 11 月第 1 版　2023 年 11 月第 1 次印刷
书　　号	ISBN 978-7-5232-0855-7/ T·234
定　　价	35.00 元

编 者 名 单

主　编　吕中伟　夏　伟　韩　玲

副主编　左长京　余　飞

编　委（按姓名笔画排序）

马忠娜　王　舰　左长京　吕中伟

庄菊花　麦中超　杨鑫琳　肖文娟

余　飞　汪梦含　易婉婉　周波蓉

夏　伟　韩　玲　韩　洋　曾光豪

序 言

<<< Preface

　　1979 年 3 月 28 日,美国三哩岛核电站第 2 组反应堆涡轮机停转,堆芯压力和温度骤然升高,2 小时后,大量放射性物质溢出,20 万人撤离。虽然核电站工作人员及附近居民无死伤,但三哩岛核电站事故仍旧被视为美国核电站史上最为严重的核事故。1986 年 4 月 26 日,曾经被认为是世界上最安全、最可靠的苏联切尔诺贝利核电站爆炸。迄今,因该事故直接或间接死亡的人数仍难以估计,事故后的长期影响仍是个未知数。2011 年 3 月 11 日,日本福岛第一核电站发生事故,影响至今难以估计。

　　全球三次重大核事故以铁的事实证明,核污染是所有污染中人类最难对付的污染:重污染范围可达到数千至数万平方公里,持续时间可波及数万至数十万年以上,是不可逆转的环境污染。由于核辐射看不见、摸不着,无嗅、无味,因此它对人体不仅有瞬时的放射损伤,而且还有远后效应及遗传效应。二战时期,日本广岛、长崎原子弹爆炸带来的遗传伤害,迄今还在继续。因此,在专家们多次疾呼下,为加强普及核知识,随时应对核危机,普及相关的科学知识,让更多的人避免或减少伤害并得到及时的救治,2011 年编写了《核与辐射突发事件——大众应急救援知识读本》。

　　但随着核事业的快速发展,核安全与放射性污染将面临更多新的挑战。一是传统核与辐射安全风险依然存在。我国核电机组一直存在着多国引进、多种堆型、多种技术共存的局面,部分核电基地燃料贮存能力不足,影响核电厂持续稳定运行。部分核基地存在受自然灾害威胁发生事故的风险。部分早期核设施项目退役治理进程和历史遗留放射性废物处理处置进程缓慢。高放废物地质处置实验室尚未开始建设。二是新的风险点不断涌现。我国部分核电机组接近运行寿期,即将首次开展运行许可证延续,保证核电安全运行的压力将进一步加大。随着小堆需求的兴起,浮动堆、供热堆、陆上小堆等采用新设计、新结构、新材料、新工艺、新设备,给研究堆的设计、建造、运行和监管带来一定的难度。三是国际形势日趋复杂。尤其是拥核国家之间的关系,涉核恐怖袭击和核战争的风险仍然存在,面临核辐射威胁,对于核辐射损伤的救援诊治仍有薄弱环节。四是大众对核与辐射知识了解有限。大众对相关知识的了解多来源于自媒体,无法系统和客观地了解相关知识。针对大众如何客观认识生活中存在的辐射现象,如何克服对辐射现象的恐惧心理,如何在核与辐射事件发生时采取正确积极的防范、救治与自救措施,都需要增强科普。

核安全是核能与核技术利用事业发展的生命线。习近平总书记在华盛顿核安全峰会上提出"要做到见之于未萌、治之于未乱",并且特别强调要增强忧患意识,提高防控能力,既要防微杜渐,又要洞察先机。一方面要居安思危,做好未雨绸缪的准备;另一方面又要明察秋毫,将危险消除于萌芽状态。核与辐射自身的特点决定了事故的突发性、影响的长期性、治理的艰巨性、结果的敏感性和极端的重要性,这就要求我们必须将安全放在首位。

针对核与辐射的发展,本次再版在第一版的基础上,补充了近年来的相关理论知识和技术发展的成果,新增了相关法律法规和相关救急方案等知识。本书分基础知识篇、防护篇、应急救治篇、临床诊断治疗篇、心理篇、管理篇,共 202 个小问题,形成了普及宣传的小册子,供大众学习参考。

本书在编写过程中,参考了已发表的大量文献,由于篇幅有限,参考文献未能一一列出,请见谅,在此一并感谢原作者。

本书具有科学性、可读性、普及性、实用性,期望对读者有所裨益。由于编者能力有限,本书如有遗漏,甚至错误,敬请各位读者予以批评指正。

十分感谢世界图书出版上海有限公司为完善本书及出版本书付出的辛勤劳动。

吕中伟

2023 年 5 月 1 日

目 录
<<< Contents

基 础 知 识 篇

防 护 篇

应 急 救 治 篇

临床诊断治疗篇

心　理　篇

管　理　篇

基础知识篇

1 什么是原子核、核素、同位素?

原子核:由带正电的质子和不带电的中子组成,质子和中子统称为核子。不同种类的原子,其原子核组成是不同的。

核素:质子数、中子数完全相同的一类原子称为一种核素。核素有放射性核素和稳定性核素。

同位素:原子核内质子数相同,而中子数不同的核素,彼此称为同位素。同位素的化学性质相同,在元素周期表中居同一位置。例如,氢的同位素包括 ^1H、^2H、^3H。

2 原子核的转变有哪几种类型?

原子核转变的类型有核衰变、核反应、核裂变和核聚变。原子核转变时,核素的结构和性质就会发生变化,并且伴随着能量的变化。

3 什么是核衰变? 核衰变有哪几种类型?

放射性核素的原子核自发地放出某种粒子(α射线、β射线等)或光子(γ射线等)使核的结构发生改变,这个过程称为核衰变;放射性核素的这种特性称为放射性。不同放射性核素衰变的速度不相同,外界因素(如温度、压力、电场等)很难改变放射性核素衰变的性质和速度。

核衰变类型有α衰变、β衰变和γ衰变三大类。放出的射线有

α射线、β射线、γ射线、X射线和中微子等,极少数核衰变可放出质子、中子等粒子。

4 什么是放射性?

放射性核素放出射线的特性,称为放射性。

5 什么是核反应?

原子核由于外来的原因,如带电粒子的轰击、吸收中子或高能光子照射等引起核结构的改变,称为核反应。

6 什么是核裂变?

某些重核素,如^{235}U(铀)和^{239}Pu(钚)等在中子轰击下,一次裂变可分裂成两块质量相近的核碎片(新的核素),放出 2～3 个中子和大量的能量,这种反应叫核裂变。

7 什么是核聚变?

在几百万至几千万摄氏度高温下,质量轻的核素如^{1}H、^{2}H、^{3}H、^{6}Li(锂)等原子核运动速度非常之快,相互之间可以克服原子核之间的排斥力,聚合为中等质量的原子核,一次聚变反应可放出大量能量,这种反应则称为核聚变。对相等质量的核装料而言,核聚变可以获得比核裂变更大的能量。

8 什么是稳定性核素?

稳定性核素的原子核稳定,不会或几乎不会自发地发生核内能级或成分的改变。

9 什么是放射性核素及放射性核衰变?

放射性核素的原子核不稳定,会自发地放出射线,并发生核能态变化,或者转变成别的核素。放射性核素这种自发的变化称为放射性核衰变。在放射性衰变过程中,会放出一种或几种射线。

10 什么是核辐射?

放射性核素的原子核不稳定,会自发地辐射出射线的现象叫核辐射。核辐射可以使物质发生电离或激发,故称为电离辐射。电离辐射又分直接致电离辐射和间接致电离辐射。直接致电离辐射包括 α 射线、β 射线、质子等带电粒子。间接致电离辐射包括光子(γ 射线和 X 射线)、中子等不带电粒子。

11 什么是电离和激发?

电离:带电粒子作用于物质的原子,使原子核外层的电子获得一定的能量,克服了原子核对其的吸引力,脱离原子核的束缚成为自由电子,原子则因失去一个电子而成为正离子,这个过程称为电离。

激发：带电粒子作用于物质的原子，如果电子获得的能量不足以使它脱离原子核的束缚，而只是从电子的内壳层跃迁至外壳层，使整个原子处于更高的能阶状态，这一过程叫作激发。处于激发态的原子是不稳定的，它以辐射的方式向外释放多余的能量，回到稳定状态。

12 什么是电离辐射和非电离辐射?

辐射分为电离辐射和非电离辐射。能引起物质电离的射线统称为电离辐射，即具有一定能量的带电粒子（如正电子、负电子、质子、α粒子等）、不带电粒子（中子）和电磁辐射（光子）等，在通过介质时，能直接或间接地引起介质中的原子电离。电离辐射通过在物质中的电离和激发作用，引起介质分子的结构和功能发生改变，从而产生辐射效应。电离辐射作用于生物体时，可产生明显的辐射生物学效应。不能引起物质电离的射线统称为非电离辐射，如可见光、紫外线、声辐射、热辐射和低能电磁辐射。

13 何谓电离辐射对生物体的直接作用?

电离辐射对生物体的直接作用是指放射线直接作用于具有生物活性的大分子：如核酸、蛋白质（包括酶类）等，使其发生电离、激发或化学键的断裂而造成分子结构和性质的改变，从而引起功能和代谢的障碍。

14 何谓电离辐射对生物体的间接作用?

电离辐射对生物体的间接作用是指放射线作用于体液中的水分子,引起水分子的电离和激发,形成化学性质非常活泼的一系列产物自由基,继而作用于生物大分子引起损伤。

15 常见的电离辐射有哪几种?

常见的电离辐射有 α 射线、β 射线、γ 射线和中子。这四种射线主要是在原子核转变过程中释放出来的,统称为核辐射。此外,医学上经常使用的还有 X 射线和高能电子束。X 射线与 γ 射线类似,而高能电子束的性质又与 β 射线类似。

16 α 射线有什么特点?

α 射线也称 α 辐射,是放射性核素核衰变过程中,从原子核内释放出的高速运动的氦核流。α 射线带有两个单位正电荷,具有很强的电离能力,但穿透能力弱,在介质中的射程很短,空气中只有数厘米,生物组织中只有数十微米,难以穿透皮肤的角质层。因此,α 射线外照射的危害可以不予考虑,但作为内照射源时,对生物体的危害很大。

17 β 射线有什么特点?

β 射线是高速运动的电子流。多数 β 粒子运动速度较大,最大可接近光速。β射线的电离能力较α射线弱,但穿透能力较α射线强,在空气中的最大射程可达数米,在生物组织中为数毫米。因此,当释放β射线的核素沾染皮肤时,β粒子可损伤皮肤,如污染机体内则危害性更大。

18 γ射线和X射线有什么特点?

γ射线和X射线都是波长极短的电磁辐射,不带电,运动速度如同光速,电离能力较α射线和β射线弱,但穿透能力很强,在空气中可传播至几百米以外,生物组织中可穿透整个人体,是造成外照射危害的主要射线之一。

19 中子有什么特点?

中子不带电,质量略重于质子,在空气中的自由程很长,可与γ射线相比拟,也是造成外照射危害的主要射线种类。

20 各种射线如何屏蔽?

各种射线的穿透能力如图1所示。

α射线在空气中的射程只有1~2厘米,通常用一张纸就可以挡住。

β射线在空气中的射程因其能量不同而异,一般为数米。通常用一般的金属板或有一定厚度的有机玻璃板、塑料板就可以较好地阻挡β射线进入人体。

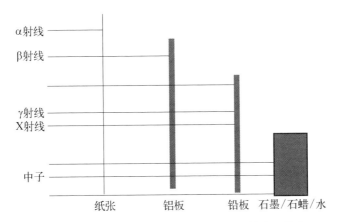

图1　α射线、β射线、γ射线、X射线和中子的穿透能力

γ射线不带电，具有很强的穿透能力，在空气中的射程通常为几百米。要想有效地阻挡γ射线，一般需要采用厚的混凝土墙或重金属（如铁、铅）板块。

X射线和γ射线一样，是一种高能电磁辐射，有较强的穿透能力，它与γ射线的不同之处是能量较低，通常是高速电子轰击的金属靶产生的，不是由放射性核素自发衰变释放出的。一般需要采用重金属板块来屏蔽X射线。但对低能量的软X射线（如来自电视机和计算机的低能量软X射线），电视机或计算机的显示屏就能很好地得以屏蔽。

中子不带电，穿透能力强于γ射线。一般用石墨、石蜡、水或含氢多的物质屏蔽。

21 射线穿过物质时是如何衰减和吸收的?

射线穿过物质时，与物质相互作用，由于电离、碰撞、散射等过程而损失能量或改变方向,将能量传递给物质而自身能量逐渐衰减,当能量耗尽时,射线就完全被吸收。显然,电离作用越强,能量消耗越快,越容易被物质吸收,穿透能力就越弱。反之,穿透能力就越强。

22　什么是半减弱层?

通常用使射线强度减弱一半的物质层的厚度来表示物质对射线减弱的能力,称为半减弱层。

23　用什么剂量单位描述放射性核素的核衰变率? 什么是放射性活度、贝可(Bq)、居里(Ci)?

放射性活度是反映放射性核素的核衰变率的一个剂量单位,它是指放射性核素在单位时间内衰变的原子核数。放射性活度的单位是 Bq(贝可)。

$$1\ Bq=1\ s^{-1}$$

即 1 Bq 等于每秒钟 1 次核衰变。放射性物质在单位时间内核衰变次数越多,活度越高,放射性就越强。

放射性活度过去称为放射性强度,单位是 Ci(居里)。

$$1\ Ci=3.7\times10^{10}\ Bq$$

放射性活度是描述放射性核素特征的一个重要参数。它反映的是核的衰变率,而不是某种辐射的放射速率。例如,同是 1 Ci 的 ^{32}P 和 ^{60}Co,它们的核衰变率相同,但 ^{32}P 每秒钟放射 3.7×10^{10} 个

β 粒子,而 ^{60}Co 除每秒钟放射 3.7×10^{10} 个 β 粒子外,同时还放射 $2 \times 3.7 \times 10^{10}$ 个 γ 光子。

24 什么是吸收剂量、戈瑞(Gy)、拉德(Rad)?

用吸收剂量来描述被照射物质吸收射线的能量,适用于任何类型、任何能量的射线及任何受照物质。物质的辐射效应主要取决于吸收剂量。实际工作中,照射量可以用仪器直接测量。

吸收剂量是单位质量被照射物质所吸收的平均辐射能量。吸收剂量的单位是 Gy(戈瑞)。

$$1 \text{ Gy} = 1 \text{ J/kg}$$

旧的吸收剂量单位为 Rad(拉德),1 Rad 等于 1 g 受照物质吸收 100 erg(1 erg $= 10^{-7}$ J)的辐射能量。

$$1 \text{ Gy} = 100 \text{ Rad}$$

25 什么是当量剂量、雷姆(rem)、希沃特(Sv)?

当量剂量是将组织或器官接受的平均吸收剂量乘以辐射权重因子后得到的乘积。当量剂量仅限于放射防护中应用,而且要用于小剂量慢性照射,不适用于大剂量急性照射。当量剂量的国际制单位是 Sv(希沃特)。

$$1 \text{ Sv} = 1 \text{ J/kg}$$

旧的单位为 rem(雷姆),旧的单位和国际制单位之间的换算关系为:

$$1 \text{ rem} = 0.01 \text{ Sv}$$

权重因子与辐射的类型及能量有关,例如,中子的辐射权重因子为 5~20,α 粒子辐射权重因子为 20。在普通生活环境状态中,太阳光中最多的是 X 射线、γ 射线和 β 射线,其辐射权重因子为 1,因此,多数情况下,吸收剂量与当量剂量相当,比如,有关部门检测出我国某沿海区域核辐射吸收剂量为 0.001 Gy,当量剂量也显示为 0.001 Sv。

26 什么是电离辐射的生物学效应?

电离辐射作用于机体,将能量传递给机体,引起机体的一系列反应,称为电离辐射的生物学效应,简称辐射生物效应。

27 什么是内照射?

内照射是指人吸入、食入、喝入以及从伤口进入的放射性物质,以其辐射能产生生物学效应者称内照射。内照射的效应以射程短、电离能力强的 α 射线、β 射线为主。

28 什么是外照射?

外照射是指从体外接受的核辐射,如 X 射线、^{60}Co、γ 射线、α

射线、β射线等。

29 什么是外照射放射损伤、内照射放射损伤?

外照射放射损伤指人体一次或短时间(数天)内分次受到大剂量电离辐射照射引起的全身性疾病。放射性核素经多种途径进入人体后,沉积于体内某些器官和系统引起的放射损伤称为内照射放射损伤。

30 什么是局部照射效应、全身照射效应?

当射线从机体外部照射身体某一部位,引起局部组织的反应称局部照射。局部照射时身体各部位的辐射敏感性依次为:腹部>胸部>头部>四肢。

当全身均匀地或非均匀地受到照射而产生全身效应时称全身照射。若照射剂量较小可发生小剂量效应,照射剂量较大(>1 Gy)则发展为急性放射病。大面积的胸、腹部局部照射也可发生全身效应,甚至急性放射病。

31 什么是电离辐射的早期效应和远期效应?

早期效应是指机体在受照后 6 个月之内出现的变化,例如造血组织、消化道、神经系统的效应等。

远期效应是指机体在受照后经历 6 个月以上表现出的机体变化,例如肿瘤、不育、白内障、发育障碍等。

32 什么是躯体效应和遗传效应?

躯体效应是指受到电离辐射照射,机体本身所发生的各种效应。

遗传效应是指受到电离辐射照射,机体生殖细胞突变,在子代表现出的效应。

33 什么是确定性效应和随机性效应?

确定性效应是指电离辐射作用于一个器官或组织,使器官或组织的细胞被杀死或不能繁殖或不能发挥正常功能,称为确定性效应。此效应的严重程度与照射剂量大小有关,且有阈剂量值,如急性放射病、电离辐射后白细胞减少、白内障、皮肤红斑等。

随机性效应是指电离辐射引起的个别细胞损伤(主要是突变)而导致的改变称为随机性效应。随机性效应的发生率与照射剂量大小有关,但无阈剂量,如辐射诱发癌变等。

34 什么是急性效应和慢性效应?

急性效应是指机体在短时间内受到高剂量率的较大剂量的照射,迅速表现出来的效应。

慢性效应是指机体受到低剂量率辐射长期照射,随照射剂量增加,效应逐渐积累,经历较长时间表现出来的效应。

35　人体内不同组织器官的辐射敏感性如何?

细胞和组织的辐射敏感性与它们的增殖能力成正比,与它们的分化程度成反比。也有与细胞辐射敏感性定律相悖的特例,淋巴细胞和卵原细胞是高度分化的细胞,却有高度的辐射敏感性。

一般说,对机体危害最大的是更新细胞群体细胞的辐射损伤,例如造血干细胞、胃肠黏膜上皮细胞、生殖细胞,这些细胞在受到电离辐射作用后,人体造血系统和胃肠道系统损伤症状较为突出。稳定状态的细胞群体对辐射不敏感,例如神经细胞、肌肉细胞、成熟红细胞、粒细胞。而生长状态的细胞群(可逆性分裂后细胞)对辐射不敏感,例如肝、肾、唾液腺、胰腺细胞。

36　可导致人体组织损伤的核辐射剂量是多少? 核辐射会对人体产生哪些危害?

对日常生活中不接触辐射性工作的人来说,每年正常的天然辐射主要是空气中的氡辐射,为 $1\,000\sim2\,000\,\mu Sv$。一次小于 $100\,\mu Sv$ 的辐射,对人体无影响。与放射性工作相关的人员,一年最高辐射量为 $50\,000\,\mu Sv$。人及生物一次性遭受 $4\,000\,mSv$ 会致死。

放射性物质可通过呼吸吸入、皮肤伤口及消化道吸收进入体内,引起内照射。外照射可穿透一定距离被机体吸收,使人体受到外照射伤害。核辐射对人体造成的危害主要如下。

(1) 急性核辐射损伤

照射剂量超过 $1\,Gy$ 时,可引起急性放射病或局部急性损伤;剂量低于 1 Gy 时,少数人出现头晕、乏力、食欲下降等轻微症状;剂量在 1～10 Gy 时,以造血系统损伤为主;剂量在 10～50 Gy 时,以消化道损伤为主,若不经治疗,在 2 周内 100% 死亡;50 Gy 以上以脑损伤为主,可在 2 天内死亡。急性损伤多见于核辐射事故。

(2)慢性核辐射损伤

全身长期超剂量慢性照射,可引起慢性放射性病。局部大剂量照射,可产生局部慢性损伤,如慢性皮肤损伤、造血障碍、白内障等。慢性损伤常见于核辐射工作的职业人群。

(3)胚胎与胎儿的损伤

胚胎和胎儿对辐射比较敏感,在胚胎植入前接触辐射可使死胎率升高;在器官形成期接触,可使胎儿畸形率升高,新生儿死亡率也相应升高。据流行病学调查显示,在胎儿期受照射的儿童中,白血病和某些癌症的发生率较对照组高。

(4)远期效应

在中等或大剂量范围内,核辐射致癌已被动物实验和流行病学调查所证实。在受到急慢性照射的人群中,白细胞严重下降,肺癌、甲状腺癌、乳腺癌和骨癌等各种癌症的发生率随照射剂量增加而增高。

(5)后遗症问题

机体受辐射污染后 6 个月,机体的变化包括晶体浑浊、白内障、男性睾丸和女性卵巢受影响导致永久不育、骨髓受损出现造血功能障碍,以及出现各种癌症。辐射也令生殖细胞基因或染色体发生变异,导致畸胎等问题。

一般来讲,身体接受的辐射能量越多,其放射病症状越严重,致癌、致畸风险越大。

37 机体在短时间内，全身或身体的大部分受到大于 1 Gy 的电离辐射照射，是否会得放射病？

机体在短时间（数秒至数日）内，全身或身体的大部分受到大剂量电离辐射（1 次或多次，累积剂量大于 1 Gy）将引起全身的损伤性疾病，即急性放射病。

引起急性放射病的主要是 γ 射线、X 射线和中子。照射方式以外照射为主，极少数情况下也可能由内照射引起。

38 什么是抗放药？目前常用首选抗放药有哪些？

抗放药是指在照射前给药或照射后早期给药，可以减轻放射损伤的一类药。棕榈酸雌三醇（代号 502）和苯甲酸雌二醇都可用作放射病治疗时的首选药物。其作用机制尚不十分清楚，有人认为是前期抑制细胞活性，后期促使细胞分裂与增殖；也有人认为此药是通过促进造血干细胞增殖和分化起辐射防护作用。

39 核事故或核武器爆炸所造成的放射性落下灰对人体会造成什么损伤？

人们食入或吸入放射性落下灰，放射性核素将沉积在体内的组织器官从而会引发全身系统的放射损伤。如果放射性落下灰落在人的皮肤上将会导致放射性皮肤损伤。

40 内照射危害最大的核辐射是什么？

内照射损伤的最大危害射线是 α 射线，其次是 β 射线。

41 放射性核素是怎样进入体内的？

放射性核素可经口进入、呼吸道吸入、表皮伤口与皮肤黏膜进入、临床注射进入。

42 进入体内的放射性核素，分布在人体哪些组织中？

进入体内的放射性核素，有的均匀分布全身各个组织，例如 ^{24}Na、^{40}K、^{3}H、^{137}Cs。有的是选择性分布于不同的组织，造成该组织的放射损伤。例如，放射性碘（^{131}I、^{125}I 等）可浓集于甲状腺中，各种碘化合物经呼吸或消化道，可 100% 入血，其中大于 30% 蓄积于甲状腺中；^{89}Sr（锶）、^{90}Sr、^{45}Ca（钙）、^{140}Ba（钡）、^{226}Ra（镭）、^{239}Pu（钚）主要蓄积于骨骼内；^{140}La（镧）、^{144}Ce（铈）、^{147}Th（钍）这些核素的特征是在体内生理 pH（酸碱度）条件下，极易水解成难溶的胶体氢氧化物颗粒，潴留于肝脏或其他网状内皮系统中；亲肾型是以 5～7 价为多的 ^{238}U（铀）、^{106}Ru（钌）等，如硝酸铀急性中毒可致肾近曲小管段 α 粒子大量沉积致伤；而 ^{35}S（硫）特异性分布在关节、表皮、毛囊中；^{65}Zn（锌）沉积在胰腺中。

43 正常情况下，人类一般受到哪些辐射照射？

来自天然辐射的个人年有效当量剂量全球平均约为 2.4 mSv，

其中,来自宇宙的射线为 0.45 mSv,来自地面 γ 射线的为 0.5 mSv,吸入(主要是室内氡)产生的为 1.2 mSv,食入为 0.3 mSv。可以看出氡是最主要的照射来源。

44　人类的哪些活动受放射性辐射?

　　人类的很多活动都离不开放射性。例如,人们摄入的空气、食物、水中的辐射照射剂量约为 0.25 mSv/年;戴夜光表每年有 0.02 mSv;乘飞机旅行 2 000 公里约 0.01 mSv;每天抽 20 支烟,每年有 0.5~1 mSv;一次 X 射线检查为 0.1 mSv;等等。

　　人们在长期的实践和应用中发现,少量的辐射照射不会危及人类的健康,过量的放射性射线照射对人体会产生伤害,使人致病、致死。剂量越大,危害越大。

45　作用于人体的电离辐射源主要有哪些?

　　作用于人体的电离辐射源主要有天然辐射源和人工辐射源。天然辐射源主要来源于宇宙射线、环境射线和人体内射线;人工辐射源主要来源于医疗照射、职业照射、事故、灾害、军事、战争。

46　什么是宇宙射线?

　　宇宙射线是从外层空间进入大气层的各种高能粒子流。在进入大气层之前,称为初级宇宙射线,主要成分是质子、α 粒子及一些重核,它们进入大气层与大气层中的原子核相互作用产生各种次级粒子——介子、电子、光子、质子和中子等,这些次级粒子是地面宇宙射线的主要成分。在海平面上,宇宙射线对人体当量剂量的为每年 0.45 mSv。海拔 10 公里内,每升高 1.5 公里,剂量约增加 1 倍。

47 什么是天然放射性核素?

天然放射性核素的种类很多,较受注意的是 U、Ra、Th、Rn、^{40}K 和 ^{14}C 等。各地地壳成分不同,放射性水平也有差异,一般地区对人体照射当量剂量为每年 0.5 mSv。个别地区天然放射性核素水平可高数倍,称为高本底地区。

土壤、岩石和海水中 ^{40}K 的含量最高。土壤中放射性核素含量由其下面的岩石性质所决定,火成岩含量最高,石灰岩最低。淡水中 ^{40}K 的含量可忽略不计。矿泉水和深井水的放射性核素含量高于地面水,地面水的氡大部分已释入空气,一般低于 10 pCi/L。

空气中的天然放射性核素主要为地表释入大气中的氡及其子体。空气中的氡含量受许多因素的影响。同一地点氡浓度一般是凌晨高于午后,秋冬高于春夏。屋内主要受通风条件影响,一般是室内高于室外,在近地面的空气中,^{3}H 的浓度约为 50 pCi/L,^{14}C 的浓度约为 1.5 nCi/L。动植物食品中的天然放射性核素主要为 ^{40}K、^{226}Ra 和 ^{14}C 等。

48 人体内主要有哪些放射性核素?

环境和食物中的放射性核素,通过各种途径进入人体内,造成

一定的内照射,如^{40}K、^{14}C、^{226}Ra等,一般的当量剂量为每年
0.20 mSv。天然本底是指天然本底辐射,包括宇宙射线和天然放射
性核素发出的射线。它对人的照射约有80%为外照射,内外照射
剂量平均每人每年近100 mrem,其中由于吸入氡及其子体,对支气
管基底上皮细胞的照射剂量为50~200 mRad。

49 核试验的核污染中主要有哪些放射性核素?

核爆炸产生的落下灰,可进入大气上空形成带状沉降和全球
性沉降。全球性落下灰中放射性核素种类很多,但从生物学意义
上考虑主要为^{90}Sr和^{137}Cs,其次为^{131}I、^{3}H、^{14}C、^{239}Pu等。

50 核工业、核动力对环境的污染是否严重?

核工业是包括从采矿、冶炼至核武器制造的全过程的工业体
系。核动力主要包括核电站、核动力舰船、核潜艇等。它们主要
通过排放放射性废气、废水、废物和核事故释放放射性核素的方
式对环境造成放射性污染。在反应堆运行之前的核燃料生产过
程中,产生的放射性"三废"仅含天然放射性核素;反应堆运行后,
排放的放射性"三废"还包括裂变产物和活化物质。这些污染
除^{35}Kr、^{3}H等气体可扩散至较大范围外,其余都只是造成小范围
的局部污染。

核工业、核动力对环境的污染给人类增加的辐射剂量是很小
的,它比核试验全球性落下灰的污染要小。

51　日常生活中接触的放射源主要有哪些?

日常生活中可接触到各种各样的放射源。例如含有^{226}Ra、^{3}H、^{147}Pm(钷)等发光涂料刻度的仪器、钟表,燃烧煤或天然气时释放的天然放射性核素。这些放射源的照射按人口平均约为每年每人2 mrem。吸烟时,由于烟草内含有^{210}Rb(铷)、^{210}Pb(铅)等,吸入时支气管上皮细胞局部也受到照射,若每天吸烟一包,则上述部位每年可受到5 rem的剂量。装修材料中也含有放射性物质。日常生活中各种辐射源对人类所造成的辐射,以天然本底造成的辐射剂量最大。

52　什么是核事故?

从广义讲,不管是战争中使用的核武器,还是和平年代应用的核电站、核医疗仪器、核反应堆所发生的核爆炸、核泄漏、核辐射等事故,造成人员及生物的伤亡的,统称核事故。

从狭义讲,核事故一般不包括核战争及核恐怖,主要是指和平利用核能(如核电站、核研究反应堆、医疗使用的放射性仪器以及核素等)时,因管理疏漏或人为及天灾原因,发生的核爆炸、核泄漏、核辐射等事故,即称核事故。

53　什么是核辐射损伤?

由核辐射的射线,α射线、β射线、γ射线、X射线,以及中子等对人体的伤害统称为核辐射损伤。其损伤可以是全身的,也可以是局部的。当全身受照射 1 Gy 以上即发生骨髓型放射病。当局部皮肤受到 5 Gy 以上即发生皮肤烧伤。

54 核电站的一般构造

核电站一般分为两部分：利用原子核裂变产生热量的核岛（立式状半球形建筑）和利用热量发电的常规岛（烟囱、发电机等常规建筑）。核电站分为压水堆核电站、沸水堆核电站、重水堆核电站和快堆核电站，其中压水堆式核电站最为成熟，应用也最广泛，而重水堆核电站是发展早期的核电站。

从压水堆式核电站的构造来说，一般由反应堆厂房、燃料厂房、核辅助厂房、电气厂房、连接厂房等组成，这些厂房根据有无核辐射设置在核岛和常规岛里。核岛看上去像一个直立的圆筒，其一部分在地下，所有与核辐射有关的部件都装在核岛里。常规岛看上去和一般厂房的形状差不多，没有核辐射。在发电过程中，核岛内的热量在自身的管道内传递，其通过管壁的接触把热量传到蒸汽汽轮机中，汽轮机则装配在常规岛里。与外界接触的发电设施均在常规岛，无核辐射。

55 核电站中核岛（反应堆）有哪些安全保障?

核岛拥有四大安全屏障。核燃料棒的材料是耐高温陶瓷块，它的熔点为 2 800℃，它的物理化学性质稳定，不会和水产生放热反应。

采用优质的锆合金做燃料元件的包壳，它具有良好的密封性，在运行条件下具有长期保持温和裂变产物的能力。

屏障为压力壳，其厚度约 0.2 m。压力壳将燃料元件棒和一回路的水罩住,当燃料元件包壳发生少量破漏时,放射线进入一回路,但仍然控制在压力壳内,不会扩散到外界。

安全壳是 1 m 厚的钢筋混凝土,内衬厚 6 cm。反应堆、稳压罐、循环泵、蒸汽发生器都装在安全壳中。安全壳是阻止放射性物质向环境逸散的最后一道屏障。在这种情况下,核电站释放出的辐射量是极其微量的,在技术标准允许的范围内。

56 什么是放射性烧伤?

包括外照射、应用 X 射线及 ^{60}Co 治疗肿瘤造成皮肤放射性的烧伤,以及因 β 射线放射体落到皮肤上未及时洗消而发生 β 射线皮肤烧伤等。

57 什么是放射性复合伤?

在核爆炸时,由两种或两种以上致伤因素同时或相继作用于人体而造成的损伤称为复合伤。复合伤主要分为放射性复合伤和烧冲复合伤两大类。有了外伤,如冲击损伤或烧伤,再加上核辐射损伤,就可称为放射性复合伤。

58 核电站放出的小量辐射对人体危险吗?

不危险。在核电站边居住一年所受到的辐射比乘波音飞机从纽约到洛杉矶往返一次所受的辐射还少。

一座核电站允许的年辐射剂量是 5 mrem。在美国达拉斯市,居民每年从自然环境如建筑物、岩石、土地等接受的辐射剂量约80 mrem。而在美国科罗拉多州,居民每年接受的辐射剂量约130 mrem。只要从达拉斯迁居到科罗拉多,每年多接受的辐射剂量都要比住在核电站附近大十倍。

虽然辐射可能引起癌症,但这种可能性有多大呢? 根据国外实测结果,生活在核电站周围的人每年接受的当量剂量小于0.01 mSv。我们以每年接受 0.01 mSv 为例,也就是说,一个人由住在核电站附近造成的致癌危险只相当于每天吸 1/5 支烟。

59 核电站内的核反应突然不受控制是不可逆的吗?

不会。反应堆的设计具有固有的安全性。固有安全性的原理较为复杂,简单说反应堆就像一个不倒翁,偶尔碰一碰它,它摇头晃脑地动了一会儿就又回到原来的状态。

在反应堆的设计中,科学家总是千方百计地使反应堆具有类似不倒翁的特性,即当外界破坏了反应堆的平衡时,在一定范围内反应堆能不靠外界干预自行回到原来的状态。反应堆的这种特性称作固有安全性。

60 既然核电站安全性极高,为何还会发生切尔诺贝利、三哩岛核事故?

切尔诺贝利核事故是因技术落后和人为原因造成的。1986 年4 月 26 日,苏联建造的切尔诺贝利核电站第四号反应堆起火,并发生化学爆炸(并非核爆炸)。爆炸释放量相当于堆内 3%～4% 的核燃料。事故当时有 2 人被炸死,1 人死于心脏病,救火中有 29 人受辐射损伤,其中 28 人因患急性放射性病致死。核事故后,核电站 30 公里直径范围内撤离了 13.5 万居民。

切尔诺贝利核事故中人为操作不当较为复杂,包括多次违反操作规章制度、偏离"实验大纲"要求继续进行实验的操作、实验方案严重违反了安全规程。而事故的技术原因包括空泡技术设计缺陷、控制棒设计缺陷、压缩变化与金属材料氢脆现象等。另外,切尔诺贝利核电站没有绝大多数核电站具有的安全壳。

美国三哩岛核事故并未造成人员伤亡和实质性影响。1979 年 3 月 28 日清晨,美国宾夕法尼亚州哈里斯堡东南 16 公里的三哩岛核电站第二号反应堆发生了一起严重的失水事故,反应堆的堆芯部分熔化,大部分燃料元件损坏或熔化,放射性裂变产物泄漏到安全壳内,释放了微量放射性气体,对环境造成了轻微影响。由于事发地为美国,这次事故引起了极为强烈的反响,但其本身危害并不大,核电站内的 118 名职工无一伤亡,只有 3 人受到略高于季度允许剂量的照射,其余都在职业控制剂量以内。外泄的放射性物质更少,方圆 80 公里的 200 万居民中,平均每人所受的放射性剂量还不如带一年夜光表或看一年彩色电视所受的剂量。三哩岛核事故是迄今压水堆核电厂发生的最严重的事故。

61 核电站会不会像原子弹一样爆炸?

不会。核电站和原子弹的反应原理相同,都是利用核燃料在中子的轰击下产生链式反应放出能量,但原子弹会爆炸,核电站不会。

核电站中 ^{235}U 的含量约为 3%,而原子弹中的 ^{235}U 含量高达

90％以上。原子弹形成核爆炸有极其精密的条件，它必须利用高效炸药的聚心爆炸，将两块或多块浓缩度为90％以上的高纯度核装料，在极短时间内，从两面或四面八方积压在一起，使核装料的密度极高，便引起核爆炸。而在核电站的反应堆内，^{235}U 通常与氧原子结合在一起，成为二氧化铀，化学性状相对稳定。原子弹和核电站的反应堆采取相反的设计原理：原子弹设计利于爆炸，并且有加快裂变反应的装置，而核电站正好相反，设计思路是减慢其裂变链式反应的速度。这使得两者链式反应速度可以相差几千万倍。

62 核反应堆多建在海边，是因为人烟稀少，利于疏散吗?

不是。从核电站的发电原理来说，核裂变产生热量，不直接发电。核裂变在核岛内产生大量热量，通过特殊管壁的接触把热量传到常规岛中的蒸汽汽轮机中，通过蒸汽汽轮机发电。这样，蒸汽汽轮机的余热比较多，其需要大量经过净化的水来冷却。

一般一座100万千瓦的压水堆核电站，其每小时需要冷却水约40万吨。这也是核电站大多建在海边的原因。冷却水冷却的是常规岛中的蒸汽汽轮机，而非直接冷却核反应堆。而冷却水也经过净化处理后才排向江海。

63 核电站是不是有百利而无一害?

不是。核废料和热污染是两大难题。目前，大部分处理手段是将核废料进行固化后，暂存在核电厂内的废物库中，经过5～10年后运往国家规划的放射性废物库贮存或处理。但迄今还没有一个国家能够找到安全、永久处理高放射性核废料的办法。核废料无法处理仅仅意味着无法在短时间内消灭,其本身在储存过程中的安全性还是有保障的。

核电站的另一个问题是热污染。受制于常规岛内的用于发电的现有蒸汽汽轮机热效率较低,因而其比一般化碳燃料电厂会排放更多废热到周围环境中,故核能电厂的热污染较严重。

64　什么是放射性"三废"?

放射性废物是指来自实践或干预的、预期不再利用的含有放射性核素或被放射性核素污染的废弃物(不管其物理形态如何),它含有放射性物质或被放射性物质所污染,其活度或浓度大于规定的清洁解控水平,并且它所引起的照射未被排除。放射性三废主要指放射性废水、放射性废气、放射性固体废物。

65　放射性"三废"的处理方法有哪些?

浓缩储存、稀释排放、放置衰变、固化储存。

66　如何谨慎发展核电站?

核电站发生事故的概率约为 100 个核电站运行 2 500 年可能会发生一次事故。只是由于可能发生的灾难性后果,人们将恐惧放大了,把"可能"变成"必然"。英国著名社会学家安东尼吉登斯对此有过精彩的论述。他指出,人们通常是按照"谨慎原则"行事的：一旦有证据显示损害有可能发生，就应该立即采取行动去纠正问题。核电安全是一个如何做风险管理的问题，而不是一个技术是否安全的问题。特别是在突发事件中的灾害性灾难已经引起了世人的重视，2011 年 3 月日本福岛核电站的核泄漏事件又是一个鲜明的例子，所以我们必须谨慎发展核电站。

67　将来有没有其他能源来取代核能？

迄今仍然没有其他能源能够取代核能的地位，其他能源在经济和效率上也无法与核能匹敌。

现代工业化的世界有的能源依靠石油和天然气，但这两种能源都正在减少。煤炭资源的大规模开发要求大量基本投资，并带来环境污染问题。太阳能、风力和地热能都在今后 10～20 年内，才会有起码的贡献。所以在任何要求工业增长大于零的工业国家内，若化石能源不足，则核电站绝不是可有可无的。

因受原子弹恶名的株连，以及对可能发生的核泄漏的灾难性后果的恐惧，人们对和平利用核能的各种装置，如核电站、核供热堆等产生了误解而心存余悸，甚至在核电站和核炸弹之间画上等号。其实，迄今民用核工业仍然是最为安全的工业文明之一。

68　何谓隐蔽？

隐蔽是指人员为了躲避灾害，而进入室内或地下通道或地下室，关闭门窗及通风系统，以减少烟尘（沉降的放射灰尘）中放射性物质的沾染、吸入和外照射，并减少来自放射性沉积物的外照射。

69 何谓撤离？

撤离是指将人们从受核事故沾染影响地区紧急转移，以避免或减少来自烟尘或高水平放射性沉积物引起的大剂量照射。该措施为短期措施，预期人们在某一有限时间内可返回原住地。

70 核事故后烟云（放射灰尘）能飘多远？

这个是很难预测的，它取决于风速和其他气象条件。放射性尘埃浸入高层大气层可飘很远，如切尔诺贝利核事故发生后一周内，在瑞典（距离切尔诺贝利约为 1 100 公里）检测到放射性核素。若下风向还能飘浮更远。

71 核电站事故释放的放射性物质有多大辐射剂量？它对健康有哪些不利影响？

这取决于释放的放射性物质总量，公众受到的剂量可能会在较低甚至很低水平的范围。当全身照射剂量大于 1 Gy 时，才会出现急性放射性病等效应。然而，对于核电站事故中释放的放射性落下灰，大量的放射性烟云经过长距离的输运后，不大可能出现如此高剂量照射的情况。

由于核事故的大小不同，污染严重程度不同，对人体健康影响不一样，剂量大可能会引起放射病，辐射剂量超过本底 10 倍以上时，将会引起皮肤或内脏的损伤。

72 什么是放射性物质的半衰期？什么是有效半减期？

放射性物质衰变符合指数衰变规律。半衰期 $T_{1/2}$ 是指某种放射性核素的原子核数量衰变至原来一半所需的时间。

经过 10 个半衰期的衰变，放射性核素的量仅为原先的 $1/2^{10}$（即 $1/1\,024$），即数量下降三个数量级。

放射性核素自体内排除的快慢决定于该核素的生物半排期和物理半衰期。生物半排期是指进入体内的放射性核素，通过生物排除过程从体内排除一半所需的时间。机体内放射性核素的实际减少量，应是放射性核素的生物排除和物理衰变的总和。由放射性衰变和生物排除使体内放射性核素的原始放射性活度减少一半所经历的时间为有效半减期。

73 部分常见放射性核素的半衰期是多少？

表 1　部分常见放射性核素的半衰期

放射性核素	半衰期
^{3}H(氚)	12.33 年
^{14}C(碳)	5 692 年
^{32}P(磷)	14.26 天
^{35}S(硫)	87.24 天
^{60}Co(钴)	5.26 年

放射性核素	半衰期
^{85}Sr(锶)	65.19 天
^{90}Sr(锶)	28.1 年
^{125}I(碘)	59.7 天
^{131}I(锶)	8.04 天
^{137}Cs(铯)	30.174 年
^{226}Ra(镭)	1 602 年
^{45}Ca(钙)	163 天
^{239}Pu(钚)	24 100 年
^{238}Pu(钚)	88 年
^{235}U(铀)	7.038×10^8 年

74　核事故会产生哪些核裂变产物？进入人体哪个部位？在人体内的有效半减期是多少？

表 2　核素裂变产物及感生放射放出的射线，进入人体部位和有效半减期

类别	核素名称	放出射线	部位	有效半减期(天)
核素裂变产物	^{131}I(碘)	β 射线、γ 射线	甲状腺	7.6
	^{137}Cs(铯)	β 射线、γ 射线	全身	70

续　表

类别	核素名称	放出射线	部位	有效半减期(天)
核素裂变产物	^{90}Sr(锶)	β射线	骨	6.3×10^{3}
	^{89}Sr(锶)	β射线	骨	50.4
	^{140}Ba(钡)	β射线、γ射线	骨	10.7
	^{106}Ru(钌)	β射线、γ射线	肾	2.48
	^{132}Te(碲)	β射线、γ射线	肾	2.9
	^{144}Ce(铈)	β射线、γ射线	骨	243
	^{95}Zr(锆)	β射线、γ射线	全身	55.5
感生放射	^{56}Mn(锰)	β射线、γ射线	全身	0.11
	^{24}Na(钠)	β射线、γ射线	全身	0.6
	^{59}Fe(铁)	β射线、γ射线	脾	41.9

75　关于^{131}I

^{131}I不是一个天然核素,它是核反应的裂变产物。物理半衰期是8.04天,在人体内一般器官中的生物半衰期是12天,而在甲状腺中的生物半衰期是120天。

^{131}I可以作为示踪标记物对病人进行肾功能和甲状腺功能的检查,也可以用于甲状腺肿瘤的治疗。

^{131}I在衰变过程中发出β射线和γ射线,对于人体的伤害主要

发生在其被吸入或食入体内后所产生的内照射。由于^{131}I的半衰期比较短,进入体内后衰变快,短时间内就发出较多射线,会在体内器官上因产生电离而沉积能量,对器官造成损伤。尤其是^{131}I极易停留在甲状腺部位,对其造成比较严重的伤害。

76 关于^{137}Cs

^{137}Cs是一种呈银色的软金属。^{137}Cs是核弹、核武器试验和核反应堆内核裂变的副产品之一,它会释放 γ 射线。因为^{137}Cs的半衰期较长,达30年,苏联切尔诺贝利核电站1986年发生事故,核电站周围地区的土壤中至今依然存在这种放射性物质。

^{137}Cs对人体的影响取决于其辐射强度、暴露时间和受影响的人体细胞种类等。如果通过进食或呼吸摄入了^{137}Cs,或受到沉降在地面上的^{137}Cs所照射,可能会引起恶心、疲倦、呕吐及毛发脱落等,如果受到约1 Sv辐射剂量的直接照射,甚至会死亡。

防 护 篇

1 什么是职业性照射？我国对从事辐射工作的人员有哪些剂量限值？

职业工作人员在其工作职责内所受到的辐射照射,称为职业性照射。根据我国《电离辐射防护与辐射源安全基本标准》,应对任何工作人员的职业照射水平进行控制,使之不超过下述限值:

(1) 由审管部门决定的连续5年的年平均有效剂量(但不可做任何追溯平均),20 mSv。

(2) 任何一年中的有效剂量,50 mSv。

(3) 眼晶体的年当量剂量,150 mSv。

(4) 四肢(手和足)或皮肤的年当量剂量,500 mSv。

(5) 孕妇,2 mSv。

对于年龄为16~18岁接受涉及辐射照射就业培训的徒工和年龄为16~18岁在学习过程中需要使用放射源的学生,应控制其职业照射使之不超过下述限值:

(1) 年有效剂量,6 mSv。

(2) 眼晶体的年当量剂量,50 mSv。

(3) 四肢(手和足)或皮肤的年当量剂量,150 mSv。

特殊情况:

依照审管部门的规定,可将剂量平均期破例延长到10个连续工作年,并且在此期间内,任何工作人员所接受的年平均有效剂量不应超过20 mSv,任何单一年份不应超过50 mSv;此外,当任何一个工作人员自此延长平均期开始以来所接受的剂量累计达到

100 mSv 时,应对这种情况进行审查。

剂量限制的临时变更应遵循审管部门的规定,但任何一年内不得超过 50 mSv,临时变更的期限不得超过 5 年。

2 我国对公众照射的剂量限值是多少?

根据国家标准 GB18871 的有关规定,实践对公众中有关关键人群组成员的年平均有效剂量估计值不应超过下述限值:

(1)年有效剂量,1 mSv。

(2)特殊情况下,如果 5 个连续年的年平均剂量不超过 1 mSv,则某一单一年份的有效剂量可提高到 5 mSv。

(3)眼晶体的年当量剂量,15 mSv。

(4)皮肤的年当量剂量,50 mSv。

3 什么是辐射防护?

辐射防护是原子能科学技术的一个重要分支,它研究的是如何让人类(个体成员以及他们的后代)免受或少受电离辐射危害的一门应用学科。其基本任务是保护从事放射性工作的人员、公众及其后代的健康与安全,保护环境。辐射防护研究的主要内容包括辐射剂量学、辐射防护标准、辐射防护技术、辐射防护评价和辐射防护管理等。辐射包括电离辐射和非电离辐射。在核领域,辐射防护专指对电离辐射防护。

4 辐射防护的目的是什么?

防止有害的确定性效应,并限制随机性效应的发生概率,使它们达到被认为可以接受的水平。也就是说,要将辐射对人造成的健康危害或风险限制在社会可接受的水平以下,即在不过分限制会产生或增加辐射照射的有益的人类活动的基础上,根据辐射防护的最优化原则,为人们提供必要和适当的防护,充分理解辐射效应中随机性效应与确定性效应的特点,杜绝发生使人们所受到的剂量超过确定性效应的阈值,减少随机性效应的发生,最大限度地保证人们的辐射安全。

5 什么是辐射防护的三原则?

实践的正当化:任何涉及辐射照射的行动都必须具备充分理由,即该行动对受照射的个人或社会利多于弊。

防护的最优化:个人剂量及受辐射照射的人数,应在合理可行和顾及经济和社会因素的情况下减至最少。

个人剂量限值:个人所受的照射须符合剂量限值,确保没有人需要承受不能接受的辐射危害。

6 核医学内外照射防护的原则是什么?

内照射防护的原则:尽一切可能防止放射性核素进入体内,尽量减少核素污染、定期进行污染检查和监测,把放射性核素的年摄入量控制在国家规定的限制内。

外照射防护的原则：时间防护、距离防护、屏蔽防护。

7 内照射防护的措施包括哪些方面？

放射性核素分组和对放射性工作场所分类。

围封：放射性工作必须在指定的区域进行，避免放射性向环境扩散。

保洁和去污。

个人防护。

通过严格的环境监测来建立内照射监测系统。

放射性废物处理。

8 发生核事故时，如何预防内照射放射损伤？

使用防护器材：穿戴各种类型的防尘服与防尘面具，如无制式装具；采取简易防尘措施，如穿长袖衣服并扎紧领、袖、裤脚口着长筒胶靴、戴口罩等。以上措施能较好地防护放射性尘埃沾染内层服装和吸入。

表 3 不同类型的简易口罩对落下灰微尘的防护效果

类 型	防护效率(%)
2～4 层纱布夹棉花	85～95
2 层纱布夹 2 层军衣布	80

类　型	防护效率（%）
2层纱布间夹2层毛巾	77～85
6层纱布	72

沾染区或核事故现场内人员都应遵守防护规则，不得随意坐卧或接触沾染物体，不得脱下防护用品。尽量不在沾染区或事故现场饮水、就餐和吸烟。

按在沾染区时长轮换作业：在沾染区或事故现场的工作人员，应按在其中作业时间时长轮换作业。

彻底洗消：人员离开沾染区或核事故现场后要彻底洗消。

关好窗门，尽量不到沾染区。

服用预防药物：在遇到落下灰（雨）侵袭或进入沾染区与属于裂变的核事故现场前，可预先口服碘化钾片 0.1 g，以阻止放射性碘在甲状腺内沉积，碘化钾的防护效果与服药时间有关，以放射性碘进入体内前 12 小时内或同时服用效果最好。碘片的服用要根据政府的指示，只有政府在评估事故状态以后才能决定是否需要服用碘片。不能仅凭个人主观臆断或因恐惧而擅自服用。

9　如何防护α射线？

由于α射线穿透能力最弱，一张白纸就能把它挡住，因此，对于α射线应注意预防内照射。其进入体内的主要途径是呼吸和进食,防护方法主要是:防止吸入被污染的空气和食入被污染的食物;防止伤口被污染。

10 如何防护 β 射线?

β 射线穿透能力比 α 射线强,比 γ 射线弱,用一般的金属就可以阻挡。但是,β 射线容易被表层组织吸收,引起组织表层的辐射损伤。因此其防护就较 α 射线复杂得多:避免直接接触被污染的物品,以防皮肤表面的污染和辐射危害;防止吸入被污染的空气和食入被污染的食物;防止伤口被污染;必要时应采用屏蔽措施。

11 如何防护 γ 射线?

γ 射线穿透力强,可以造成外照射,其防护的方法主要有以下三种:尽可能减少受照射的时间;增大与辐射源间的距离,因为受照剂量与离开源的距离的平方成反比;采取屏蔽措施,即在人与辐射源之间加一层足够厚的屏蔽物,可以降低外照射剂量。屏蔽的主要材料有铅、钢筋混凝土、水等,我们住的楼房是外部照射的很好屏蔽体。

12 如何预防放射性皮肤损伤?

隐蔽于室内。穿戴防护服。尽快脱离放射源,消除放射性沾染,避免再次照射。若怀疑身体表面有放射性污染,采用洗澡和更换衣服来减少放射性污染。

13 如何对进入核事故区域的人进行防护?

制式防护:防毒面具、防护衣、防护手套和防护靴等穿戴后进入事故区,并且佩带个人辐射剂量仪。

时间防护:以该区域辐射剂量大小,确定可进入沾染区的时间,在允许时间内尽量快出,缩短进入时间,为了抢救人员,必要时可实行轮流更换进入。

距离防护:在执行轮流更换时,要划定一定区域,严格减少进入污染区域,能在非污染区域做的事,一定不要在污染区完成,以做到最大的防护。

药物防护。

14 发生核事故,如何进行自我保护?

要避免情绪恐慌,及时收听广播或收看电视,按照政府的指示行动。

在空气有放射性污染的情况下,关门闭户,待在室内。如必须外出要进行防护,用手帕、毛巾、布料等捂住口鼻,使吸入性放射物质所致剂量减少90%。体表防护可应用就便器材(如塑料布、塑料雨衣或布类)将裸露部位罩闭好。

返回时要消除沾染,用水淋浴,将污染的衣服、鞋帽脱下存放起来,防止放射性污染扩散到未污染区域。

15 苏联切尔诺贝利核电站事故是如何处置的?

切尔诺贝利核电站事故是发生在苏联时期乌克兰境内切尔诺贝利核电站的核子反应堆事故。该事故是首例被国际核事件分级表评为第七级事件的特大事故。1986 年 4 月 26 日凌晨,切尔诺贝利核电站第四号反应堆堆芯失水熔毁,发生大火和爆炸,放射性物质外泄。这次灾难所释放出的辐射线剂量是二战时期爆炸于广岛的原子弹的 400 倍以上。事故后第一年北半球地区国家居民平均受到有害剂量、当量如下:

保加利亚 760 μSv。

奥地利 670 μSv。

希腊 590 μSv。

罗马尼亚 570 μSv。

法国 360 μSv。

意大利 300 μSv。

当时的处置包括:

将爆炸反应堆周围 30 公里半径范围划为隔离区,撤离了核电站周围 30 公里以内的居民 13.5 万人;

当年成立了以部长会议主席为首的工作组;

使用直升机将硼砂混合物投放至反应堆中;

火灾扑灭后,苏联政府将炸毁的 4 号反应堆用钢筋混凝土"石棺"彻底密封起来。

16 核事故发生早期阶段需采取防护措施的剂量阈值是多少?

表4 核事故发生早期需采取防护
措施及对应剂量阈值

剂量当量（mSv）		防护措施
全身	肺、甲状腺和其他器官	
5～50	50～500	隐蔽
未确定	50～500	服稳定性碘
50～500	500～5 000	撤离

17 核事故发生中期阶段需采取防护措施的剂量阈值是多少?

表5 核事故发生中期需采取防护
措施及对应剂量阈值

事故发生第一年内累积的剂量当量（mSv）		防护措施
全身	肺、甲状腺和其他器官	
5～50	50～500	控制食品和水
50～500	未确定	搬迁

18 受照途径、事故阶段及对应防护措施是什么?

表 6 针对不同受照途径和核事故阶段的防护措施

受照途径	事故阶段	防护措施
来自核设施的外照射	早期	隐蔽,撤离,控制通路
来自烟尘的外照射	早期	隐蔽,撤离,控制通路
吸入烟尘中放射性物质	早期,中期	隐蔽,服稳定性碘,撤离
皮肤和衣服受污染	早期,中期,晚期	隐蔽,撤离,人员去污
来自地面沉积物的外照射	早期,中期,晚期	撤离,地面和建筑去污
吸入再悬浮的放射性物质	早期,中期,晚期	撤离,地面和建筑去污
摄入受污染的食物和水	中期,晚期	控制食物和水

19 医学应急救援人员如何自我防护?

应急分队要准备充分,应急待命。

做好个人防护,穿戴合适的防护器材,佩带个人辐射剂量仪。

使用稳定性碘,必要时可应用抗放药。

根据辐射剂量计算标准,限制在沾染区内停留时间。

20 受核爆炸及核事故影响的人员应采取什么防护措施?

(1) 隐蔽

隐蔽在室内可减少外照射剂量的 $50\% \sim 90\%$。隐蔽在大建筑物、屋角、地下室效果更好。关闭门窗可减少吸入致内照射 90%。

（2）服用稳定性碘

KI、NaI 能有效减少甲状腺对^{131}I吸收。服稳定性碘的时间对防护效果有明显的影响。

（3）撤离

放射性烟尘到达之前撤离是最有效的防护措施。可避免或减少来自各种途径的照射。但撤离易造成人群混乱，应慎重。

（4）个人防护方法

呼吸道防护：手帕、口罩、毛巾捂住口鼻可减少吸入 90%。

体表防护：帽子、雨衣、手套、靴子可减少体表沾染。

抢救的医护人员要严格全身防护，首先要穿防护衣、佩戴防毒面具、戴防护手套及穿防护靴。每人要佩带个人辐射剂量仪，一旦超剂量，必须后撤，及时更替。

21 早期的防护措施是什么？

早期是指发生核与核事故突发事件后的 1～2 天内，这时人员可以采用的防护措施有：隐蔽、呼吸道防护、服用稳定性碘、撤离、控制进出口通路等。其中隐蔽、撤离、控制进出口通路等措施对来自烟尘中放射性核素的外照射、由烟尘中放射性核素所致的体内污染，以及来自表面放射性污染物引起的外照射均有防护效果。呼吸道防护是用干或湿毛巾捂住口鼻的行动，可防止或减少吸入放射性核素。服用稳定性碘能防止或减少烟尘中放射性碘进入体内后，在甲状腺内沉积伤害。

22　中期的防护措施是什么?

在事件中期阶段,已有相当大量的放射性物质沉积于地面。此时,对个人而言除了可考虑中止呼吸道防护外,其他的早期防护措施可继续采取。为避免人员长时间停留而受到过高的累积剂量,主管部门可有控制和有计划地将人群由污染区向外搬迁,还应该考虑限制当地生产或贮存的食品和饮用水的销售和消费。根据这个时期对人员照射途径的特点,可采取的防护措施还有:在畜牧业中使用无污染的储存饲料、对人员体表去污(主要是洗澡)、对伤病员救治等。

23　晚期的防护措施是什么?

在事故晚期(恢复期)面临的问题是:是否及何时可以恢复社会正常生活,是否需要进一步采取防护措施。在事件晚期,主要照射途径为被污染的水、食品的食入和再悬浮物质的吸入引起的内照射。因此,可采取的防护措施包括控制进出口通路、避免吸入放射灰尘、控制食品和水、使用储存饲料和地区去污等。

24　一旦出现了核与辐射突发事件,公众应该怎么办?

一旦出现核与辐射突发事件,公众必须做的第一件事是尽可能获取可信的关于突发事件的信息,包括范围、距离、核事故中心情况等。了解政府部门的决定。公众应通过各种手段保持与地方政府的信息沟通,切记不可轻信谣言或小道消息。

第二件事是按照当地政府的指示,迅速采取必要的自我防护措施。如:选用就近的建筑物进行隐蔽,减少直接的外照射和污染空气的吸入;关闭门窗和通风设备(包括空调、风扇),当污染的空气过去后,迅速打开门窗和通风装置;根据当地政府的安排,有组织、有秩序地撤离现场等。

当判断有放射性物质散布时,应尽量往风向的侧面躲避,并迅速进入建筑物内隐蔽。

用湿毛巾、布块等捂住口鼻,进行呼吸道防护。

若怀疑身体表面有放射性污染,可采用洗澡和更换衣服来减少放射形成污染。

听从当地主管部门的决定是否食用当地的食品和饮用水。

出现核事故事件,公众要特别注意保持心态平稳,千万不要惶恐不安。应控制食品和水,尽量使用储存食品、饮料。

25 核与辐射突发事件中,普通人应如何避免核损伤?

对于普通人来说,最简单的防护就是紧闭门窗。当放射性物质释放到大气中形成烟尘通过时,要及时进入建筑物内,关闭门窗和通风系统,避开门窗等屏蔽差的部位隐蔽。

要特别注意,不要食用受到污染的水、食品,减少吸收、增加排泄,一定要避免在污染地区逗留。

进入空气被放射性物质污染严重的地区时,要对眼、耳、口、鼻严防死守。例如,用手帕、毛巾、布料等捂住口鼻,减少放射性物质的吸入。穿戴帽子、头巾、眼镜、雨衣、手套和靴子等,有助于减少体表受到放射性污染。

如果事故严重,需要居民撤离污染区,民众应听从有关部门的命令,有组织、有秩序地撤离到安全地点。撤离出污染区的人员,应将受污染的衣服、鞋、帽等脱下存放,进行监测和处理。受到或怀疑受到放射性污染的人员应清除污染,最好的方法是使用肥皂淋浴。

26 如果大气被放射性物质污染,民众该怎样防范?

总的防护原则是"内外兼防",具体包括两方面:一是尽可能缩短被照射时间,尽可能远离放射源;二是注意屏蔽,利用铅板、钢板或墙壁挡住或降低照射强度。

对于一般大众来说,最简单的防护就是紧闭门窗。当放射性物质释放到大气中形成的烟尘通过时,要及时进入建筑物内,关闭门窗和通风系统,避开门窗等屏蔽差的部位隐蔽。同时避免食入、减少吸收、增加排泄,一定要避免在污染地区逗留。如果核事故释放出放射性碘,应在医生指导下尽早服用稳定性碘片。

27 什么情况下应采取隐蔽措施?公众应注意什么?

有较大量放射性物质向大气释放的突发核事件的早期和中期,隐蔽是主要防护措施之一。大多数建筑物内的人员吸入剂量约降低一半。

隐蔽一段时间及烟尘散除后,隐蔽体内的空气中放射性核素浓度会上升,听政府的指示是否可以通风,多数情况下,通风是必要的,以便将空气中放射性浓度降低到相当于室外较清洁的水平。

因而对核辐射持久的释放而言,继续隐蔽的防护效果较差。隐蔽时间一般认为不应超过 2 天。

28 什么情况下公众需要采取防护措施? 应注意什么?

当空气被放射性物质污染时就需要采取个人防护措施。用手帕、毛巾、布料等捂住口鼻可使吸入放射性物质导致的辐射剂量减少约 90%。体表防护可用各种服装,包括帽子、头巾、雨衣、手套和靴子等。公众应注意对已受到或可疑受到体表放射性污染的人员进行去污。方法简单,只要有关人员用水淋浴半小时,并将受污染的衣服、鞋、帽等脱下存放起来,直到以后有时间再进行监测或处理。要防止将放射性污染扩散到未受到污染的地区。

29 什么叫碘片?

碘片的主要成分是碘化钾,是一种可以防止^{131}I 辐射的药物。该药物限于辐射紧急事故中保护甲状腺使用,防止放射性碘进入甲状腺。核事故发生时若达预基准(预估减免甲状腺约定吸收剂量)100 mGy 以上辐射剂量时,即可由主管单位建议使用。值得注意的是碘片对于核子事故发生时所释放之其他放射性物质并无保护作用,也无法保护身体其他部位免受辐射。

30 服用碘片(KI)能防辐射吗?

生理学上,人体碘的主要来源是甲状腺的吸收,甲状腺靠碘来产生甲状腺激素。KI 是稳定性碘,它可以使甲状腺内的碘饱和从而阻止放射性碘的摄入。

31 服用碘盐能抗辐射吗?

碘盐中碘的存在形式是碘酸钾(KIO_3),在人体胃肠道和血液中转换成碘离子被甲状腺吸收利用,我国规定碘盐中碘含量为每 1 kg 碘盐含 30 mg 碘。按人均每天食用 10 g 碘盐计算,可获得 0.3 mg 碘。而碘片中碘的存在形式是碘化钾(KI),碘含量为每片 100 mg。按照每 1 kg 碘盐含 30 mg 碘计算,成人需要一次摄入碘盐约 3 kg,才能达到预防的效果,远远超出人类能够承受的盐的摄入极限。因此,通过食用碘盐预防放射性碘的摄入是无法实现的。而且过量摄入盐还会导致多种疾病。

32 日本福岛核泄漏会危及食用盐的安全吗?

食用盐是由陆地深层卤水生产,所以即便近海有污染,地下卤水也不会受到影响,这种担心完全没有必要。

33 什么是服碘防护?

在核事故已经或可能导致释放 [131]I 的放射性核素的情况下,将含有非放射性 KI 的化合物作为一种防护药物分发给相关人员和公众服用以降低甲状腺的受照剂量,预防放射性[131]I 进入甲状腺而伤害人体。

34　核辐射发生后何种情况下应服用稳定性碘?怎样服用碘片?

核与辐射突发事件发生后,人有可能摄入放射性碘,并集中在甲状腺内,使这个器官受到较大剂量的照射。此时服用稳定性碘就可防止或减少甲状腺吸收放射性的碘。如果在吸入放射性碘的同时服用稳定性碘,就能阻断90%放射性碘在甲状腺内的沉积。在吸入放射性碘数小时内服用稳定性碘,仍可使甲状腺吸收放射性碘的量降低一半左右。对成年人推荐的稳定性碘服用量为100 mg,对孕妇和3~12岁的儿童,服用量为50 mg,3岁以下儿童的服用量为25 mg。

碘片摄入量不可过大,如大量长期服用,可使人致病、致死。剂量越大,危害越大。此外,患有甲状腺疾病或皮肤病(痤疮、湿疹、牛皮癣等)的患者,应慎用或不用稳定性碘。

35　过量摄入碘对人体有什么不良反应?

摄入过量的碘会扰乱甲状腺的正常功能,既可以导致甲状腺功能亢进,也可以导致甲状腺功能减退,孕妇大量服碘可导致新生儿甲状腺肿和甲状腺功能减退。无论是儿童还是成人,甲状腺功能减退的发病率随碘摄入量的增加而显著增高。还有研究表明,碘缺乏地区居民补碘后,一段时期内易导致血清中促甲状腺激素(TSH)的升高。目前多数报道显示,碘过量会增加自身免疫性甲状腺疾病患病率。另外,急性碘中毒会导致腹部绞痛、腹泻并便血、胃十二指肠溃疡、脸部和颈部水肿、溶血性贫血、代谢性酸中毒、肝脂肪变性和肾衰竭等。

36 服用稳定性碘应注意什么？

对出生后一个月内的新生儿，稳定性碘服用量应保持在有效的最低水平。对有些人，例如甲状腺有结节者、突眼性甲状腺肿已经治愈者、曾接受过放射性碘治疗者、甲状腺慢性疾病患者、甲状腺单侧切除者、有亚临床性甲状腺功能低下者、对碘过敏者和某些皮肤病患者等服碘时必须有医生指导。

37 服用碘片除了保护甲状腺还有什么防护作用？

碘片不能防护来自体外的放射性和被身体吸收的除放射碘以外的放射性物质。这就是碘化钾在多数场合与其他防护措施（如隐蔽待于室内、关闭门窗等）综合使用的原因。

吸入和食入的放射性碘在甲状腺中蓄积可导致甲状腺癌显著增加，特别是幼儿。KI是稳定性碘，它可以使甲状腺内的碘饱和从而阻止放射性碘的摄入。在核事故前预防性服用碘化钾，可阻止甲状腺对放射性碘的吸收并降低甲状腺癌的长期风险。

38 没有碘化钾怎么办？

可以使用其他稳定性碘制剂代替碘化钾，如服用少量稀释过的碘酒或碘化钠。

39 孕妇能服用碘化钾吗？

由于碘片具有阻断甲状腺碘吸收的作用，怀孕妇女服用碘化钾需特别注意。首先，孕妇甲状腺放射性碘的吸收率较普通人高，对妊娠 3 个月的孕妇，需要谨慎服用碘化钾，如需服用安全剂量 50 毫克。当然，没有特别医学理由表明应避免怀孕。

40 除了碘化钾，还有哪些辐射防护药物？

目前已使用的核辐射防护剂远不止碘化钾这一种，还有中草药和其他西药。

表 7　辐射损伤防治药物及相应机制

	辐射损伤防治药物	机　　制
外照射损伤	雌三醇	减轻射线对造血系统的损伤，促进造血功能恢复
	尼尔雌醇	升高白细胞，改善造血功能
内照射损伤	裂叶马尾藻褐藻酸钠	放射性锶阻吸收剂
	普鲁士蓝	放射性铯阻吸收剂
	喷替酸钙钠	放射性镧系和锕系核素促排药

表8　放射性损伤的防治保健类药物及相应机制

	放射性损伤的防治保健类药物	机　　制
中草药类	天然多糖（黄芪多糖、当归多糖、南沙参多糖等）	免疫调节作用、促进造血干细胞增殖分化
	人参、皂苷、灵芝、鱼腥草等	提高机体免疫力、抗核辐射
维生素类	维生素 B_6	降低机体放射敏感性
	维生素 E	抗氧化保护生物膜损伤
自由基清除剂	乙基硫代磷酸	清除或减弱对细胞产生损伤的氧自由基
	抗辐射细胞因子类药物	清除或减弱机体自由基
	天然酚类（茶多酚，葡多酚等）	清除自由基作用,促进造血和增强免疫力

41 哪里能获取辐射防护药物?

可以到政府指定的核事故应急医疗机构获取。

42 在什么时机服用碘片的防护效果最好?

为了充分发挥稳定性碘对放射碘的甲状腺阻断作用,需要在受照前或者受照后尽快服稳定性碘片。即使在事故后几小时,通过服用碘片仍然可以阻止甲状腺对 50% 放射碘的吸收。为了防止吸入放射性碘同位素,通常一片剂量的稳定性碘就足够了,它可以起到 24 小时持续保护作用,在含放射性碘的烟云来袭时对甲状腺起到充分的保护作用。然而,在放射物长期持续释放的状况下,则有可能出现重复照射的情况。

再次强调,只有在暴露于放射性碘之前就服用碘化钾,才能起到最佳的保护作用。

43 如何进行核应急分队的人才培训? 应急分队队员应具备哪些素质?

凡是准备进入核事故现场的应急救援者,必须进行严格的培训,对核事故现场应充分了解,熟知个人防护知识,熟悉各种核辐射仪器的使用,更重要的还需要有健康的身体。核应急分队队员应掌握下述六点。

(1)熟练掌握穿、脱防护衣及面具的程序。穿脱防护衣必须严格遵守程序。队员要穿上防护衣、戴上面具进行耐力训练,必须坚持 6~8 小时以上,而且还要进行负重锻炼、抬担架、急救行军等训练项目。没有半个月至一个月或更长时间的训练,是难以适应应急救援队的工作的。队员每年必须复训。

(2)熟练掌握面具佩戴,识别剂量仪及手语交流。目前信息化技术可使戴上面具后的通话交流不成问题,但在 20 世纪应急救援队员之间全用手语交流。

(3)充分懂得个人防护知识,才能进行应急救护,否则个人也会受到损伤。最好选拔已有子女者。

(4)掌握急救知识及全面的外科知识。熟练掌握烧伤(特别是呼吸道烧伤)、冲击伤的应急救治以及包扎、止血、骨折固定、抗休克技术。

（5）掌握对核辐射早期应急救治知识及放射性污染的防护、洗消程序。

（6）必须眼快、手快、动作轻，迅速将急救药品、急救方法即时应用到位。

44 怎么确定自己的房屋和其他物品受到了放射性污染?

在疑有或确有核与辐射突发事件发生的初期，政府主管部门应快速组织现场的监测和评价，以判断放射性污染的性质、实际的污染水平及范围，用以指导后续的应急行动中对应急响应人员的监护和伤员的救治。除了现场快速监测外，主管部门还应采用现场采样及实验室测量的方法进行放射性监测。

公众可以借助于沟通程序与政府主管部门或媒体取得联系，获得自己关切的信息，包括自己房屋及其他财产的放射性污染情况，并按应急响应组织的要求决定应采取的措施。

应急救治篇

1　核事故现场救治人员应首先做什么?

首先要发现和寻找有生命的人员并进行急救。

对伤员进行现场紧急分类诊断、集中,以便后送。

抢救需紧急处理的伤员,如止血、包扎等。

2　核事故现场抢救的原则有哪些?

迅速有效。眼快、手快、动作轻。

边发现边抢救。有生命指标,立即进行心肺复苏。

先重后轻。医务工作者要正确判定、分类,将可挽救的伤者,全力救治。

对危重伤员先抢救后除沾染,生命比沾染重要。

很好地防护和保护抢救者与被抢救者,因为两方面都重要。

3　核事故现场抢救有哪些方法?

(1)紧急分类诊断

需紧急处理者立即组织抢救。进行心肺复苏,待血压恢复后及时清除沾染。

有手术指征者,尽快早期外科处理。可延缓处理者经自救互救,除沾染后迅速送医。及早分类,对体表及创面彻底除沾染。使用稳定性碘,服抗放药。

（2）询问病史、相关情况并进行必要检查

通过询问，了解有无屏蔽物、与辐射源距离、现场停留时间和事故后活动等情况来判断辐射剂量。

进行必要的临床检查，如确认有无听力减退、声音嘶哑、皮肤红斑水肿，有无头痛、腹痛、腹泻、呕吐。

必要时作细胞染色体检查和血、尿、便的放射性核素测定。

（3）注意

临床症状明显者可给予对症处理。

尽量避免使用对淋巴细胞有影响的药物，以免影响放射病的诊断。

内污染超过规定者及时采取促排措施。

4　如何认识核事故现场应急救治程序的重要性？

我们对核事故现场状况应有明确的认识，核辐射烟尘是看不见、摸不着、无色、无味的尘粒，它含有放射粒子，要充分了解这个特点。核事故现场辐射情况完全靠核辐射仪的测量，如何在核事故后进入现场有一定的程序。明确这些对未来核事故及核战争中的现场应急救治十分重要。

5　核应急分队人员怎样组成？

应急分队组成可分为大队、中队、小队。

一般大队组成以一个一线医院或以驻军医院为单位。

中队组成以一个三级医院的门诊、急诊部为单位。

小队组成以一个救护车为单位组成。

每个应急分队应设备俱全，领导层次清楚，领导层中有三个部门：其一是高级顾问智囊团队；其二是后勤管理、经济、物资团队；其三是现场剂量侦检、撤离、抢救团队。各个层次人员均应装备信息网络系统及远程诊治系统，三部分人员必须落实到位。

6 核应急分队人员如何具体分工?

(1) 智囊团队(有核事故的全面知识、有管理能力及指挥能力)

一般为 3~5 人组成，对核事故能提出应急的方案和措施。

(2) 后勤管理团队

在平时必须储存足够的应急物资，要储备足够的核辐射损伤、烧伤、冲击伤的防护及救急用品以及运输、洗消等物资的准备，并在一定时间更换之。开设好洗消站(干、湿)和伤病抢救转运点并保证足够的食品。所有救援人员的防护器具统一按照个人尺寸提前进行制作，编号使用。调度运输车辆，满足应急分队应用。

(3) 抢救分队

正确指导撤离，准确监测核辐射剂量，做出明显的辐射剂量标志。在现场指挥各抢救分队的分工，如三级医院抢救队应深入到重度和极重度杀伤区，二级医院在中度杀伤区，一级医院及社区救援队在轻度杀伤区。在分工明确就地抢救后迅速分两路运送回指定医疗机构：一路因污染需经洗消站；另一路无污染迅速后送。现场抢救包括服碘化钾片、注射抗放药苯甲酸雌二醇或雌三醇、抗休克、止血、包扎、骨折固定等，视复合伤情况进行对症处理。

（4）抢险分队

即救生抢险队，工作内容包括：从危房及燃烧中救出患者；从掩盖物中救出患者；应用探生器，发现生命后千方百计送入空气及水，而后进行挖掘救援，在挖掘中一定注意，不可因挖掘而损伤人员或导致二次倒塌事故，同时应灭火，支撑墙壁，切断水、电、煤气等相应措施，以避免二次损伤。

7 核事故主要救援步骤是什么？

首先进行核辐射剂量侦察。侦察往往和抢救同时进行。辐射侦察在前哨第一线，应迅速搞清楚核污染半径，在高剂量区插上红旗，中剂量区插上黄旗，低剂量区插上蓝旗，必要时在旗上标明剂量及停留时间。也可以应用围栏或有标志的塑料布条将辐射区标出。抢救人员都应穿戴严格的隔绝式防护服及面具。抢救生命行动要不断进行，必要时施行轮作制的工作方式进入。画一条以爆炸中心为圆心的污染半径线，要注意上风向及下风，还要注意核污染碎片的大小及多少，边界划完后可全面展开有序的救治工作。

抢救出的伤员立即进行洗消，有生命危险的先抢救后再洗消，无生命危险先洗消后救治。

绝对禁止在污染区吃、喝、吸烟、休息等，对污染严重区立即封锁，人员立即在防护条件下疏散。疏散的人员均要作辐射剂量监测，以免将核辐射污染传播至其他的干净区，监测发现有污染时，要进入洗消通道，进行彻底洗消，更换衣服。

洗消场开设至上风向。洗消第一关是干洗消，即人员通过互相拍、打、抖,将从污染区带来的灰尘尽力拍打掉。最好找一个密闭且比较大的场所进行,以便将灰尘收集处理。干洗之后如监测剂量在允许水平之下,则可以通行进入湿洗消,即用水进行冲洗,并将冲洗下的水收集统一处理。开设洗消场同时开辟出污染路及无污染路。这在处理核事故现场要及早规划,以免事后难以处理。

抢救与寻找伤员并举、直接损伤与间接损伤并举、抢救伤病员与撤离无伤人员并举,这三个并举需要分工明确,组织领导细化:有医技人员负责抢救伤员,而无医技人员负责动员撤离,切记防止无关人员滞留及围观,在核事故区域人员越少越好。

对受辐射沾染人员的救援措施如下。

在污染区的人员,不管其受辐射沾染程度轻重,未确定前必须采取三个措施:第一,服用碘化钾(130 mg/片),在事故发生后立即服用,越早越好;第二,肌内注射苯甲酸雌二醇 4～6 mg;第三,如在 6 小时内有呕吐或恶心的表现时,立即采取输低分子右旋糖酐并准备胚肝细胞、骨髓、干细胞或基因移植手术。

这三个措施进行之后,从物理剂量中计算其瞬时及延迟辐射剂量为多少,辅之生物测试(主要是由淋巴细胞下降率计),再加上染色体畸变率,三者作诊断证据。从物理剂量半径数据、临床表现(主要是恶心、呕吐的时间,白细胞及淋巴细胞的升降),以及染色体畸变率等确定其遭受核辐射剂量大小。第三条线则是以核(放射源)的大小及泄露程度和可模拟性,进行剂量线评估。从以上三方面综合评价,基本可以判定受照核辐射的人所受的剂量。一旦判定核辐射剂量,对急性放射病的轻重程度已很明确。此外更重要的是了解核泄漏或核爆炸时患者所在的位置、滞留时间、穿着、对核辐射防护知识的了解程度及当时是否进行了必要的防护措施,如服防护药、穿戴防毒面具及防护服等。另外,对其所处的自然环境也要很好地分析,方能得出正确的诊断。此时要对受害地域的人员多少、到达医疗构的时间,以及在抢救(自救互救)中是否采取了抗辐射措施、所在地域有无防护设备等诸多因素进行分析,才能准确判定核辐射损伤程度。一般核爆炸及核事故中多有复合伤,如烧伤、冲击伤以及坍塌挤压伤等,这种状况下,对症治疗为主,进行应急救援(止血、包扎、固定、抗休克)同时采取抗辐射治疗。如有污染应先救命再除沾染,否则应先除沾染后治疗。这些顺序应理顺,每个应急分队的队员都应很熟练。在救治中无论是大群体或是个别人,不管人数多少、范围大小,核辐射救治工作者要头脑清醒,如在辐射剂量黄线以内的或红线以内的,均要进行诊治和物理剂量测量,划出需要洗消及应急救治群体,便于采取相应的诊治步骤。

8 核事故现场的首要工作是什么?

到达核事故现场,首要的工作是弄清核战场或核事故的现场地理环境状况:有无污染,核辐射剂量,安全、轻、中、重的污染边界的划定,有无冲击及烧伤或倒塌的间接损伤等等。如无污染应立即查清杀伤的半径,在安全剂量以外(半径外)设立指挥站、分类哨。如有污染,在上风向开设干洗消及湿洗消场站。洗消后立即更换一切衣服及装备,方能后送。

9 如何划分核事故现场救治区域?

搞清现场环境现状并立即划分救治区域,即极重、重、中、轻四个救治区域,指挥开通进出道路并且做好标志。由安全剂量边界为准,以核事故中心为圆点,以下风向或敌方为突出划成一个椭圆形的抢救面积。以核爆炸投影及事故中心为圆点,共划出 4 个"↓"形通道,以核事故中心为点,形成倒"V"字形通道共 4 条或 8 条,以利于迅速抢救伤病员。

10 如何划分核现场救治道路?

若有污染,立即在倒"V"字形进出口处设立路标,设立干洗消或湿洗消站,在洗消站中设立污染物处理处及更换衣服、物资处,并对进出人员及物资进行辐射剂量监测,运输工具也要用水冲洗或吸除尘埃,使污染剂量减少到允许水平方可放行。污染物可以有两种处理方法:其一是放置待半衰期过后另行洗消处理,再行启用;其二是永久难以应用的要加以深埋,并做好永久不准开挖的标志。

11 对核事故现场的伤员如何分类?

伤员抢救出来后,除了消除沾染外,应立即进行分类。分类方法首选确定是单一伤还是复合伤,尤其是复合伤中的冲击伤,切记内重外轻的特点(即内脏损伤、肝脾破裂、内部大出血),这点务必小心。此外,直接或间接烧伤如果是放射β射线损伤,待 2 周左右毛发会脱落,而形成β射线烧伤溃疡。烧伤或冲击伤等外伤应立即进行相应的救治,尤其是抗休克治疗。

12 对核损伤的现场人员如何救治?

(1) 进入现场抢救人员的准备

应戴好防护服、防毒面具和个人剂量计,配备辐射剂量仪,酌情使用碘化钾和抗放药物,携带急救药箱和物品器材等。

(2) 现场抢救实施方法

① 及时组织轻伤员立即撤离沾染区,脱去外衣裤,撤离到洗消站,进行洗消处理。

② 帮助伤员戴好口罩。

③ 对重伤员经过以下现场抢救处理后,迅速撤离沾染区,后送到洗消站进行除沾染处理。

④ 灭火:帮助伤员脱离着火现场、脱去着火衣物等,然后用干净布单包裹伤员。

⑤ 止血:四肢伤口有明显活动性出血者,应用止血带结扎止血,躯干出血者用纱布等填塞加压包扎止血;对于肢体挤压伤者,应在解除挤压之前先在受压部位近端结扎止血带,在解除挤压后尽快撤离。

⑥ 包扎:对无放射性物质沾染的创伤或烧伤创面及时进行包扎。

⑦ 固定:有骨折的应进行简单固定后再搬运。

⑧ 防治窒息:及时清除口鼻腔内的泥沙、黏液,采取半卧位姿势,防止舌后坠;已发生窒息者,立即做气管切开;严重创伤者,给予镇静、止痛等措施。

13 对放射性复合伤怎样进行应急治疗?

　　本应急治疗方案经实验室及核现场验证均有较好的疗效,具体内容如下。

　　① 低分子右旋糖酐 500 ml,静脉输液,伤后 6 小时及 24 小时各一次。

　　② 磺胺多辛 0.5 mg/次,口服,首次加倍(1 mg),伤后 1 天、5 天、10 天各服一次。

　　③ 甲氧苄啶 0.1 mg,每日 2 次,口服,1～10 天。

　　④ 青霉素 20 万～40 万单位,每日 2 次,肌内注射,发烧时应用,若发烧 3 天体温仍不降,则加大剂量并增加链霉素,若体温仍不降时则应更换抗生素。

　　⑤ 链霉素 0.5 g,每日 2 次,肌内注射,抗生素视临床状况及药敏试验而定,应灵活掌握。应用目前的广谱抗生素也可以。

　　⑥ 庆大霉素 4 万单位,每日 2 次,肌内注射。

　　⑦ 苯甲酸雌二醇 4 mg/次,肌内注射,伤后立即及伤后 3 天各一次。

　　⑧ 鲨肝醇 50 mg,每日 2 次,口服,6～14 天。

　　⑨ 维生素 B20 mg,每日 2 次,口服,15～25 天。

　　⑩ 云南白药 5 mg,每日 2 次,口服,1～3 天、7～14 天。

　　⑪ 维生素 K 44 mg,每日 2 次,口服,6～14 天。

　　⑫ 维生素 C 200 mg,口服,1～30 天。

　　⑬ 20%甘露醇溶液 250 ml 静脉滴注,一日 2～4 次即间隔 6～12 小时一次。

⑭ 呋塞米 20 mg,每日 2 次,肌内注射,水肿严重时必要给。

⑮ 静脉补液,输血,视情况保持水电质平衡,必要时应用。

⑯ 烧伤灵酊,每日 3 次,喷洒于烧伤患处,1～30 天。

⑰ 手术切痂植皮,25 天后进行。

上述这个方案供重度及中度放射性复合烧冲伤应用,随着科技发展可以应用更先进的药物及物理医疗措施。

14 核事故中的复合伤应如何处理?

一是诊断中应特别注意复合伤的特点。冲击伤是外轻内重的表现。烧伤中特别注意眼底及呼吸道烧伤处理。而核辐射损伤,早期基本上难以判定。它们之间互相加重,休克增多,酸碱平衡失调,更难以纠正,往往需要加大用量方能奏效。

二是一定要抓住复合伤中的主要损伤。先治疗损伤重者,其他损伤也就迎刃而解,因为治疗措施并不矛盾,要辩证地全面掌握,只有全面掌握了,不顾此失彼,方能完成任务,这要求医务工作者要有全面、渊博及内外科、特种医疗的全面知识。

15 核辐射损伤如何分类?

核事故中特有的损伤即核辐射损伤。核辐射损伤一般分为三型四度,这是国际所公认的,即脑型、肠型、骨髓型。也有人在脑与肠胃型之间分出一个心血管型,目前尚未定论。骨髓型中分为四度,即极重度、重度、中度、轻度。有人在轻度中又分出放射反应。这些分类都是根据核辐射剂量大小及临床表现状况而分类,也就是人为根据剂量视诊及病理所确定的。迄今对于脑型及肠型放射病的应急措施及后续治疗几乎是无望的,在应急中只能延长寿命。许多科学家认为与其浪费大量的人力、物力救治这类伤员,不如对那些可以挽救的伤病员投入最大的力量。所以在应急救援中该放弃的需果断放弃,这种极特殊的情况下一定要很有把握,不要把可挽救的生命放弃了,否则就是失职,就是犯罪。因而医务工作者一定要小心,必要时宁可劳民伤财,不可草率从事。

16　如何在没有任何医疗设施的情况下早期诊断急性放射病?

　　了解患者是否有受照史,并根据其当时症状可以初步推算出伤员可能受到的剂量。

　　照后初期可能出现的症状如下。

　　恶心:大于 1 Gy;

　　呕吐:大于 2 Gy;

　　多次呕吐:大于 4 Gy;

　　上吐下泻:大于 6 Gy;

　　腮腺肿痛:大于 8 Gy;

　　多次呕吐,严重腹泻:肠型放射病;

　　1 小时内频繁呕吐、神经系统症状(摇头、眼球震颤等):脑型放射病。

17　哪些化验指标在急性放射病早期诊断中有重要意义?

　　照射后 1～3 天内,外周血淋巴细胞绝对值急剧下降,其降低程度与伤情关系密切(见下表),是一个简单易行的早期化验指标,在早期诊断中有重要意义。

表9　急性放射病早期淋巴细胞绝对值($\times 10^9$/L)

分　型	分　度	照后1~2天	照后3天
骨髓型	轻　度	1.2	1.00
	中　度	0.9	0.75
	重　度	0.6	0.50
	极重度	0.3	0.25
肠型和脑型		小于0.3	

18 如何正确地在核事故损伤的现场进行应急救援?

立即中止核辐射损伤:视污染情况撤离核爆炸或核事故现场的所有人员,大事故半径30公里以内者全部撤离,下风向到90~120公里以内的人员全部撤离。

撤离时注意,近污染边界一定要进行剂量监测,如无污染则随人员撤离,其家园必须门窗紧闭,煤气、水、电等开关关闭,尤其是下风向,必须注意此点。每个区域要划区留少数防护人巡逻,如有辐射剂量,工作人员应交替轮流行动,不应超过允许剂量损伤阈值50 mSv,动作迅速以防意外。

应急分队均穿有防护服及防毒面具,在搜寻伤员时视野不宽、听力受限,须用手语沟通,必须每人以100~200 ㎡的区域进行搜寻。

建筑倒塌时应采用探生装备。每辆救护车由 7 人组成,司机一人、车长一人、医师一名、护士三名、劳力一名。在搜救伤员中一切行动听车长(主治医师)或医师指挥。到达收集点时,由车长下令,医师及一名护士在搜救点展开卫材药品应急救援等工作。另两名护士,各配司机及劳力分两组在 100～500 ㎡ 内搜寻伤病员,应用带轮担架向搜寻点集结,由医师、护理人员进行抢救,满车即运送,必须轻重伤员搭配,由一名司机及车长负责后送至收救医院,然后迅速返回再次进行运送。其他人继续搜寻伤病员,医院的设置与抢救点的远近视核事故或核爆炸现场大小而定,一般都设在上风向的医疗所在地、城镇或乡村,总之应该满足无污染且水源充足的条件,战争中还要有利防空,更重要的是交通便利,便于送三级医院继续治疗。

在污染区内的各大医院(三级)组成的应急分队进入重度杀伤区抢救伤员。每个应急分队在作业图上分片进入至红旗区边界停止,在蓝旗或黄旗界设集中伤员点,每点有两人守候急救处理,并有担架及车辆配备。其余人员分组搜寻伤员,并随身携带救治器械及药品,如防护面具与防护衣。伤员经清扫、拍打灰尘后,立即服碘化钾一片。服前先大量漱口、洗鼻、挖耳并清除灰尘,而后服药、饮水,如判定在场剂量率很高,则用剂量率乘以时间,标出所受的物理剂量,并立即送医院。

19　辐射应急救治方案有哪些?

收入应急医院,根据前方收集点制定剂量挂牌标记,立即作血生化检验,并根据临床表现综合初步诊断放射病的分度及分型,如果中度以上,须同时输入低分子右旋糖酐 250～500 ml,而后再次注射苯甲酸雌二醇 4 mg，一天一次，肌内注射，并且预防性应用青霉素或有效抗生素，使其平稳度过反应期及假愈期。在 8～9 天立即应用综合治疗，更换抗生素或加大量，而后同时进行输血及补充各种维生素以增加抵抗力，并维持水电质平衡，预防极期来临的大出血及大感染。

20 三级医院如何对核辐射伤员进行应急治疗？

对于受核辐射损伤的伤员，除在搜救中应用的措施及一线医院应用的治疗可以继续应用外，三级医院应采取下列救治步骤。

灭菌隔离，如少数伤员可收入层流病房。

增强免疫力，调整好抗生素。

控制水电解质平衡。

除输血外，还可缺什么输入什么，必要时应用骨髓移植及干细胞和基因移植。

随时测试各种生化指标及染色体畸变。准备或进行干细胞或基因移植时，应注意输血造成免疫排异反应，所以输入血（异体血）必须进行免疫处理，即应用足够剂量的辐射将淋巴杀死，方可应用。

在骨髓型放射病的几个期中，治疗应综合对症、中西结合。

反应期主要是止吐、预防感染、心理治疗。

假愈期主要帮助患者心理平稳过渡，使其食用营养价值的软食，须尽力说服患者，此期是假象，实际造血系统仍在破坏中。此期随剂量大小而时间可长可短，此期的重要特征是造血系统破坏，所以红细胞、白细胞及血小板将进行性下降，直至降至一定水平，极期开始。

极期也称症状明显期，此期是死亡高峰期，如果度过此期，将至恢复期或康复期。在症状明显期，不仅造血系统极度破坏，而且胃肠系统破坏也很严重，感染、出血、水电解质不平衡等症状相继全面出现，此期的治疗十分重要，一是灌输适当的营养液，二是加大抗生素，三是输血或血液有形成分，四是止血等，使其安然度过。

症状明显期平安度过后，则为康复期，逐渐恢复至健康状况，此期仍然需要注意安静、心情舒畅、加强营养、注意饮食、逐渐散步等慢慢延至正常人的轨道。

21 如何减少体内核污染物在消化道的吸收？

切断污染物继续进入体内的渠道。减少胃肠道吸收。大量饮水。

治疗措施如下。

① 洗胃及灌肠，应用药用活性炭或生理备水或微碱液洗胃。

② 催吐，如吐根剂，1%硫酸铜 25 ml、硫酸锌（1～2 g）、藜芦（2.5～5 g）、甜瓜蒂（5～15 g）、胆矾（0.12、0.75 g）等；阿扑吗啡 2～4 mg/次，皮下注射等。

③ 口服吸附剂，如骨粉、药用活性炭、磷酸钙等；如已知核素是 Sr、Ba、Zn、Mn 等二价放射性核素，可选用以下吸附：硫酸铜（50 g）、磷酸三钙（5 g）、磷酸氢二钠（6 g）、磷酸铝凝胶（100 ml）、褐藻酸钠（8～10 g，溶成糖水饮用）。

④ 食用具有较好的肠胃阻吸收效果的食物如鸡蛋清，可用于金属元素阻吸收。

⑤ 吸附沉淀半小时后再服用缓泻剂蓖麻油（1～2 汤匙）、硫酸

镁(2～10 g)、双醋酚酊(5～10 mg)等以便从肠迅速排出。

22 如何减少呼吸道的吸收?

即时向鼻咽部喷入 1∶1 000 肾上腺素或 1％麻黄素,使鼻咽部血管迅速收缩,以减少吸收。迅速剪去鼻毛,清洁鼻腔,应用生理盐水冲洗鼻咽腔。口服去痰剂,如氯化铵 0.3 g 让其随痰咳出。

23 如何减少皮肤及伤口吸收辐射物质?

全身及局部洗消。伤口扩创首先用生理盐水或 3％～5％的肥皂水清洗,由内向外擦洗伤口及周围皮肤,再用生理带水或清水洗,也可以先用 1∶1 000 高锰酸钾水溶液或 5％硫代硫酸钠反复多次冲洗,然后应用棉球轻轻在创面擦拭,去除污物。在创面上方对静脉回流施压,使静脉回流受阻减少吸收。创面动静脉血流增加以利排出。

创面用消毒过的吸收剂,如纱布、药用活性炭等处理。

也可以应用止血带扎紧,待进一步处理。

24 核事故应急救援的宗旨是什么?

在核事故状态下,搞好应急救援工作的宗旨是:以人为本。

上海市应急救援有四点原则。

加强领导:完善应急管理体制。

防患未然:完善应急预案体系。

明确责任：完善应急运行机制。

整合资源：完善应急保障制度。

25　核事故应急救援示意图

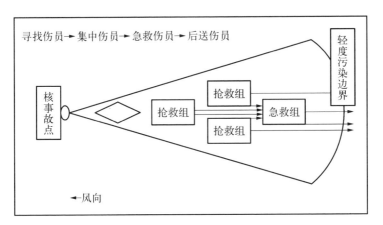

图 2　核事故应急救援示意图

26　核事故体表沾染控制量是多少？

表 10　核事故及核战时体表沾染控制量

各种表面	贝克/平方厘米（Bq/cm²）
皮肤、内衣	5 万
手	10 万
服装	20 万

27 核事故现场救援人员的任务是什么？

组织无关人员迅速撤离现场，组织应急指挥领导小组。

对核事故现场进行快速检测和评估，确定有害区域，及时按程序报告情况。主要是核辐射剂量的轻、中、重边界的划定。

对核事故现场不同程度的放射损伤、放射复合伤进行医学分类抢救。

迅速对现场各种设备管线（如电、气等）进行关闭和切断，如危房及墙壁的支撑、灭火、关水等。

明确新闻媒体发言人，统一向外发表官方信息。组织防护救援和互助组，及时宣传和做好各种防护工作。

迅速布置医疗救援，应急分队进入及医疗系统的布局，划定进入（干净路）出来（沾染路）的路线及洗消站的展开。

临床诊断治疗篇

1 放射病有什么症状?

轻度急性放射病照后几天,可出现疲乏无力、头晕、失眠、食欲减退和恶心等症状。也有发生呕吐者,但次数不多。中、重度急性放射病照后数小时,即可有疲乏无力、心悸惊恐、头晕焦虑等表现,相继出现恶心、呕吐、腹泻等。

2 怀疑自己得了放射病怎么办?

到当地政府指定的核事故应急医疗机构咨询、诊断和治疗,并且评估自己在核事故的位置、距离、时间等,解除顾虑。

3 放射性物质进入体内有哪些途径?

放射性物质主要通过吸入放射性污染的空气或食入放射性污染的食品和饮用水进入体内。身体表面受到放射性污染,特别是伤口污染,也能使放射性物质进入体内。此外,个别医疗事故误将放射性物质注射入体内。

4 在怀疑受到放射性污染的地区,饮食方面应注意些什么?

尽量避免在放射性污染的地区进食、饮水。必需时应食用政府统一发放的食物和饮用水,或者食用家庭储备的罐装、瓶装、袋装等密封包装的食品和水。

5　怀疑自己体内有放射性物质该怎么办?

到医学应急专门机构,或当地政府指定的核事故应急医疗机构咨询、诊断和治疗。监测大小便及痰咳出的气体等排泄物检查以排除,也可以整体检查是否有核辐射。

6　体内有放射性物质该接受怎样的治疗?

在医生指导下尽早使用普鲁士蓝、喷替酸钙钠、褐藻酸钠等针对不同放射性核素的阻吸收、促排药物,也可用催吐洗胃、灌肠缓泻等对症方法治疗。

7　核辐射会致癌吗?

核辐射可能致癌。辐射致癌效应除了熟知的白血病以外,还有甲状腺癌、肺癌、乳腺癌等。辐射致癌是一种随机性效应。

8　核辐射损伤会遗传给下一代吗?

核辐射损伤本身不会遗传给下一代,但如果生殖细胞受到损害,可能导致后代出现畸形、智力障碍等。

9　放射性污染区的农畜产品能食用吗?

放射性污染区的农畜产品,如牛奶、蛋、肉、鱼、蔬菜等,可能受到放射性污染，必须经过相关部门检测后才可判定能否食用。

10　急性放射病有哪些类型？

有三种类型：一是脑型，一般 24 小时以内死亡；二是肠型，一般 3 天以内死亡；三是骨髓型，一般可挽救，而骨髓型放射病又分为四度，有轻度、中度、重度和极重度。

11　急性放射病的分型及剂量标准是怎样的？

急性放射病是由于在短时间内全身或身体的大部分受到较大剂量照射而导致的急性病症。依剂量大小和照射条件的不同，可表现为骨髓型（1～10 Gy）、肠型（10～50 Gy）和脑型（50 Gy）三类。其中骨髓型又分四度：轻度（1～2 Gy）、中度（2～4 Gy）、重度（4～6 Gy）、极重度（6～10 Gy）。

12　放射性复合伤如何划分？

放射性复合伤指在战时核武器爆炸和平时核事故发生时，人体同时或相继发生以放射性损伤为主的复合烧伤、冲击伤等的一类复合伤。按以下标准划分四度。

轻度：1 Gy$^+$轻度烧伤、轻度冲击伤。

中度：2 Gy$^+$轻度烧伤、轻度冲击伤。

重度：3 Gy$^+$轻度烧伤、轻度冲击伤。

极重度：4 Gy$^+$轻度烧伤、轻度冲击伤。

核爆炸时,在距核爆中心 3～4 公里半径内者,多有放、烧、冲三种复合伤,在距核爆中心 5～20 公里半径内者,多为烧、冲非放射性复合伤。距核爆中心半径 20 公里外者,多为单一伤,如鼓膜破裂、眼底烧伤等。当然还要结合核爆炸当量大小、落下灰(放射性沾染的损伤)情况,明确损伤。

13 如何加速体内核污染的排除?

络合剂的应用。络合剂亦称螯合剂、羧基氨基型络合剂,如乙二胺四乙酸(EDTA)、柠檬酸、二硫基丙醇。

胶体清除剂(如柠檬酸锆)的应用。

利尿剂(渗透性利尿),如氢氯噻嗪 2.5 mg/次,3 次/日。

干扰肠循环、阻断肠道再吸收。如^{137}Cs(铯)肠道吸收率很高,铁、钙、钡、钚和稀土族等元素几乎全部随大便排出。

曾有误食 Ra(镭)、Ba(钡)、Sr(锶)核素者,在污染后 4 小时内口服 2% 褐藻酸钠糖浆 500 ml,起到了很好的促排作用。

14 如何应用激素改变机体代谢的排泄功能?

某些激素刺激与某些放射性核素相似,如促甲状腺素可加速甲状腺激素的合成和释放,从而使腺中的放射性碘排出。又如类固醇激素可降低机体细胞中钾的含量,从而增加尿中钾排泄,也促进 Cs 的排出。

15　如何对吸入性核污染进行洗肺治疗？

为加速吸入肺中的放射性核素排出，进行洗肺疗法效果较好。一定液体灌入肺中吸出巨噬细胞的同时，排出肺中的核素，例如 1 次吸入 0.45 μCi 的 PuO_2 超过肺最大允许积存量 30 倍，在事故发生后 11 天内，应用 30℃生理盐水灌洗肺部，右肺 2 次，左肺 1 次，共洗出 0.06 μCi，这个效果是好的。

也有报道狗和狒狒吸入 PuO_2 后，连续三次洗肺可洗出 PuO_2 的 50％，肺 3 天后可恢复正常。但要注意，据统计阻塞性肺疾病患者应用洗肺疗法，370 例中有 11 例死亡，因此采用此疗法要权衡利弊。

16　皮肤放射性损伤初期症状是什么？

皮肤放射性损伤初期症状主要为红斑、肿胀、瘙痒、疼痛。

17　急性皮肤放射性损伤程度与剂量有什么关系？极期症状如何？

表 11　急性皮肤放射损伤分度及症状

分度	参考剂量	极期症状	伤及皮层
I 度	＞5 Gy	红斑、脱毛	表皮
II 度	＞10 Gy	水疱	真皮
II 度	＞15 Gy	溃疡、坏死	真皮下

18 对于没有明确的放射性核素接触史的患者,如何确定其体内是否有放射性核素?

对患者进行放射性测定是确诊内照射放射损伤的重要手段。

(1) 生物样品的放射强度测定

依据放射性核素在体内代谢的特点,测定血液、尿液、粪便、胆汁、乳汁等生物样品的放射性,也是确定体内污染的重要方法之一。在放射性核素进入体内的最初几天,上述生物样品中的放射性检出率较高。

战时受放射性落下灰(雨)污染时,通过测量伤员尿液的放射性,可推算出伤员体内的污染量,具体方法如下:

受检者应经洗消,并更换洁净服装,然后收集受检者一次尿液,并记下受检者从食入落下灰(雨)或撤离沾染区到取尿的时间(以食入后天数计);

放射性沾染测量仪检测:先取一计数碟,在铅室内测定本底2～3分钟,取其平均计数率(cpm);取尿液样品 5 ml 小心置于上述计数碟内,在铅室中测计数率,测得的计数率减去本底,即为尿样品的净计数率(N);

根据测量时刻和样品净计数率,查表得相应的换算系数 u,则体内污染量(C)为:

$$C = N \times u (kBq)$$

晚期,若生物样品中测不出放射性,也不能否定体内放射性核素的存在,往往在采用促排手段后,再测定其放射性,有助于达到诊断的目的。

表12　换算系数 u 值表

测量时刻 （食入后天数）	换算系数（u）	测量时刻 （食入后天数）	换算系数（u）
0.1	9.25	2.5	55.5
0.2	7.03	3.0	85.1
0.5	7.03	3.5	129.5
1.0	12.21	4.0	148.0
1.5	22.20	4.5	259.0
2.0	37.00	5.0	347.8

（2）甲状腺部位的放射性测定

在核战争情况下，早期体外测定甲状腺部位的放射性，是分析放射性落下灰（雨）是否进入体内的主要诊断依据。进入量大时，甲状腺部位放射性的增高可维持 2 天以上，同时可根据测得的计数率，推算甲状腺沉积的放射性核素量。

有条件时，亦可用全身计数器探测体内的放射性。应当指出，整体测量主要适用于释放 γ 线或产生韧致辐射的放射性核素。

19　用什么方法可以估算患者的受照射剂量?

可以用物理剂量测定或者生物剂量测定估算患者的受照射剂量。物理剂量测定是利用患者随身携带的个人剂量仪、手表红宝石、药品、金属物品等，用热释光法或电子自旋共振波谱法测量，了解受照射剂量。当中子照射时，应收集病员随身携带的金属物品，以及头发、尿样等生物制品，进行中子活化测量，了解受照的中子剂量。

生物剂量测定是通过测定患者淋巴细胞的染色体畸变率和微核率来估算患者的受照射剂量,这是因为细胞内有染色体在电离辐射作用下可以发生畸变,淋巴细胞在射线作用下可出现微核,染色体畸变及微核的发生率与受照剂量成正比关系,受照剂量越大,畸变率、微核率也就越高,因此我们用该两项指标来进行剂量估计。在放射医学上,把染色体畸变率又称为"生物剂量仪",这种"生物剂量仪"总是随身携带的,且每个人都有。

20 核损伤的通常表现

照射剂量超过 1 Gy 时,可引起急性放射病或局部急性损伤。

在剂量低于 1 Gy 时,少数人可出现头晕、乏力、食欲下降等轻微症状。

剂量在 1～10 Gy 时,出现以造血系统损伤为主。

剂量在 10～50 Gy 时,出现以消化道为主症状,若不经治疗,在 2 周内 100％死亡。

50 Gy 以上出现脑损伤为主症状,可在 2 天死亡。

急性损伤多见于核辐射事故;全身长期超剂量慢性照射,可引起慢性放射性病;局部大剂量照射,可产生局部慢性损伤。慢性损伤常见于核辐射工作的职业人群。

胚胎和胎儿对辐射比较敏感,在胚胎植入前接触辐射可使死胎率升高;在器官形成期接触,可使胎儿畸形率升高,新生儿死亡率也相应升高。据流行病学显示,在胎儿期受照射的儿童中,白血病和某些癌症发生率较对照组高。

在受到急慢性照射的人群中,白细胞数严重减少,肺癌、甲状腺癌、乳腺癌和骨癌等各种癌症的发生率随照射剂量增加而增高。超量辐射污染后 6 个月,会发生的机体变化包括眼睛晶体浑浊、白内障、男性睾丸和女性卵巢受影响导致永久不育、骨髓受损出现造血功能障碍,以及引发各种癌症。另外其辐射遗传效应,令生殖细胞基因或染色体变异,继而出现畸胎等。

21 核损伤的早期分类

早期分类的主要依据如下。

(1) 病史

主要指照射史。战时根据核爆炸的当量、爆炸方式、病员所处位置和有无防护,初步估计病员受到的剂量。平时的事故性照射,则根据事故的性质、辐射源的类型和活度、病员受照射时所处位置和照射时间,以及人员活动情况、有无屏蔽等,初步估计可能受到的剂量。

(2) 核损伤初期症状

初期症状指受照射后人员在 1～2 天内表现出的症状,如表 13 所示。对初期病状要注意进行综合分析,还要排除心理因素,下列各项可供参考。

表 13　急性核损伤的初期症状

分型(度)		初期开始时间	持续时间(天)	主 要 表 现
骨髓型	轻度	几小时至 1 天或不明显	>1	乏力、不适、食欲稍差
	中度	3～5 小时	1～2	头昏、乏力、食欲减退、恶心呕吐、白细胞数短暂升高后减少

分型(度)		初期开始时间	持续时间(天)	主　要　表　现
骨髓型	重度	20 分钟至 2 小时	1～3	多次呕吐,可有腹泻,白细胞数短暂增加后明显下降
	极重度	立即或 1 小时内	2～3	多次呕吐、腹泻、轻度腹痛,白细胞数短暂增加后急剧下降
肠型		立即或数十分钟内		频繁呕吐、严重腹泻、腹痛,血红蛋白升高
脑型		立即		频繁呕吐、腹泻、定向力障碍、休克、共济失调、肌张力增强、抽搐

(3) 核损伤化验检查

外周血淋巴细胞绝对值:早期外周血淋巴细胞数量的下降速度能较好地反映病情程度,尤其在战时是一个简单易行的早期化验指标。

网织红细胞:外周血红细胞数量变化较迟,但网织红细胞的变化很早。照后 5 天内网织细胞数量明显下降,相当于 3 Gy 以上的照射。48 小时内消失,说明受到了致死剂量的照射。

血红蛋白量:骨髓型核损伤早期血红蛋白量变化不明显,肠型核损伤早期升高。

22　核损伤的早期诊断

表 14　核辐射损伤的早期诊断方法

方　法	指　标	发生时间	最小照射剂量(Gy)
临床观察	恶心、呕吐	48 小时内	约>1
	红斑	数小时至数天内	约>3
	脱毛	2~3 周内	约>3
实验室检查			
血细胞计数	淋巴细胞绝对数<1×10^9/L	24~72 小时内	约 0.5
染色体	双着丝粒、环	数小时内取血样	约 0.2

通常应确定受照射的严重程度依据如下。

① 初期分类应依据临床症状,如恶心、呕吐、腹泻、颜面潮红、腮腺肿大、红斑和发烧,应当仔细记录这些症状及它们发生的时间、频率和严重程度。

② 分类应根据血液学检查的结果,特别要观察最初 1~2 天内的淋巴细胞数。对受照剂量超过 2 Gy 的患者,应再区分为骨髓型、肠型或脑型。

③ 进一步的诊断,应根据临床表现、实验室检查及专门的分析,如血液学检查和细胞遗传学等,进行综合分析判断。

23 判定辐射损伤的早期临床症状和处理原则有哪些?

表 15　早期临床症状及对应处理原则

临　床　症　状	处　理　原　则
无呕吐、无早期红斑	在一般医院门诊观察
呕吐(照后 2~3 小时),照后 12~24 小时早期红斑或感觉异常	在一般医院住院治疗
呕吐(照后 1~2 小时),照后 8~15 小时早期红斑或感觉异常	在专科医院住院治疗或转送放射性疾病治疗中心
呕吐(照后 1 小时)和(或)其他严重症状,如:低血压、颜面充血、腮腺肿大;照后 3~6 小时或更早出现皮肤和(或)黏膜早期红斑并伴有水肿	在专科医院治疗,尽快转送到放射性疾病治疗中心

24 核损伤的临床诊断

临床诊断是早期分类的继续,两者不可分割。目的是根据照射剂量、病情的发展和各项化验指标完成最后的确定诊断。

(1) 物理剂量和生物剂量测定

正确测定病员受照射的剂量,是判断病情的主要依据。

物理剂量测定:要详细了解事故时辐射场的情况、人与放射源的几何位置、有无屏蔽以及人员移动情况和时间的变化等。收集患者随身携带的手表和某些药品,用电子自旋共振波谱法估测受照射的剂量。当有中子照射时,应收集病员随身携带的金属物品,以及患者的头发、尿样和血液等生物制品，进行中子的活化测量，进行分析、计算得出结论。

生物剂量测定：利用体内某些敏感的辐射生物效应指标来反映患者受照射的剂量，称为生物剂量测定。现在公认淋巴细胞染色体畸变率是合适的生物剂量计，它与照射剂量有函数关系，特别适宜于 $0.25\sim5$ Gy 剂量范围。但测定方法比较复杂，需在专门的实验室进行，方法是在照射后 24 小时内（最迟不超过 $6\sim8$ 周）采血体外培养 $48\sim72$ 小时，观察淋巴细胞染色体畸变率。也有测定淋巴细胞微核率作为生物剂量测定的方法，观察分析比染色体畸变率容易。在 $0.2\sim5$ Gy 剂量范围内，微核率与剂量呈线性关系。

（2）临床经过

初期和极期主要临床表现，以及它们出现的时间和严重程度等，可作为诊断的依据，详见表 16。

表 16　各种程度急性核损伤临床诊断参考表

主要症状		脑型	肠型	骨 髓 型			
				极重度	重度	中度	轻度
初期	呕吐	+++	+++	+++	++	+	—
	腹泻	+~+++	+++	++~+	+~—		
	共济失调	+++	—				
	定向力障碍	+++	—				
极期	开始时间(d)	立即	3~6	<10	15~25	20~30	不明显
	口咽炎	—	++~—	+++~++	++	+	—

主要症状		脑型	肠型	骨　髓　型			
				极重度	重度	中度	轻度
极期	最高体温	↓	↑或↓	>39℃	>39℃	>38℃	<38℃
	脱发	－	++～－	+++～+	+++	++～+	－
	出血	－	++～－	+++～－	+++	++～+	－
	柏油便		++～－	+++	++	－	－
	血水便	+～－	++	－	－	－	－
	腹泻	+++	+++	+++	++	－	－
	拒食	+	+	+	+～－	－	－
	衰竭	+++	+++	+++	++	－	－

25 内照射核损伤的治疗措施

立即脱离辐射源和污染区,防止被照皮肤再次受到照射,疑有放射性核素污染时应及时洗消去污,对危及生命的损害(如休克、外伤和大出血)应首先给予抢救处理,阻止放射性核素的吸收及迅速排出。

(1) 减少胃肠道吸收

催吐:刺激喉部,或用催吐剂皮下注射。

洗胃:温水、生理盐水、苏打水洗胃并继续催吐,禁用促放射性物质溶解或吸收的酸性物质洗胃。

服沉淀剂：如摄入 ^{90}Sr 或 ^{140}Br 可用硫酸钡、磷酸三钙、磷酸氢二钠沉淀。

服泻剂：污染后 4 小时内，口服硫酸镁 10 g、大黄和番泻叶等。

特异性阻止吸收：药用活性炭、亚铁氰化铁（普鲁士蓝），用于铯的污染；褐藻酸钠，用于锶、镭、钴阻吸收；氢氧化铝凝胶，对钶、镧阻吸收。

（2）减少呼吸道的吸收

清理鼻腔：棉签擦拭鼻腔内沾染物、剪去鼻毛。

血管收缩剂：鼻腔内喷 0.1％肾上腺素或者 1％麻黄碱溶液。

大量生理盐水清理鼻腔；必要时给予祛痰剂（沐舒坦，或中药：枳实、芍药、桔梗，三味药打成粉，冲服或泡服）。

（3）减少甲状腺吸收

碘化钾 100 mg，污染后服用时间越近越好，但是，碘过敏，严重心脏病、肾脏病、肺结核不宜，孕妇和婴儿不宜。必要时用甲巯咪唑，抑制甲状腺素合成，孕妇婴儿不宜。

（4）体表、创口洗消

大量生理盐水清创洗涤体表和创面。

26 放射性皮肤损伤的治疗措施

红斑和干性脱皮的治疗：可用具有清凉作用的粉剂、油剂外用。用含有氢化可的松的洗剂或喷雾剂，可减轻伴有水肿的严重红斑症状。对湿性脱皮的治疗，每天用敷料包裹和用抗菌溶液清洗是有效的，也可使用抗生素软膏。

溃疡：在无菌环境中隔离，或每天用敷料包裹以及用抗菌溶液清洗溃疡。有继发感染的情况下，应考虑局部或全身的抗生素治疗，应用蛋黄油有一定的疗效。

坏死：外科治疗，如对深部坏死组织的切除以及切除后的皮肤或其他组织的移植。出现不可逆转的改变，需要切除溃疡、坏死组织或截肢时，手术治疗都是正当的。当临床上发生不可逆转的病变时，要尽快手术，切除血管损伤和不可控制的感染等。

27 外照射核损伤的治疗措施

（1）骨髓型核损伤的治疗

治疗原则：狠抓早期，兼顾极期，重视造血，中西结合。

综合治疗：骨髓型核损伤的主要矛盾是造血组织损伤。围绕这一中心，延缓造血器官损伤的发展，促进损伤的恢复，及并发症治疗。另外，由于核损伤的损伤涉及全身各器官，所以仍以综合治疗为主，达到保持机体内环境的平衡，安全度过极期。

分度、分期治疗：轻度核损伤在平时可短期住院观察，对症处理观察即可。中度以上核损伤都需住院治疗。但中度的早期治疗可简化，重度和极重度不仅应立即住院治疗，而且要抓紧早期的预防性治疗措施，做到所谓"狠抓早期、主攻造血、着眼极期"，有利于提高治愈率。

1）初期：主要针对初期症状对症治疗，并根据病变特点采取减轻损伤的措施。

① 保持患者安静休息和情绪稳定。

② 早期给予抗放药。

③ 镇静、止吐等对症治疗。

④ 脱敏治疗。

⑤ 改善微循环。

⑥ 重度以上患者早期给肠道灭菌药，并做好消毒隔离。

⑦ 严重的极重度患者早期移植造血干细胞。

2）假愈期：重点是保护造血功能，预防感染和出血。

① 加强护理，给予高热量、高蛋白、高维生素并易消化的食物。

② 保护造血功能，延缓和减轻造血损伤。可口服各种维生素，重度患者可输血。

③ 极重度患者尽早造血干细胞移植。

3）极期：抗感染和抗出血是这一期治疗的关键手段，采取有力的支持治疗，供应充分营养，保持水电解质平衡，纠正酸中毒，促进造血功能恢复。

① 患者绝对卧床休息。

② 抗感染、抗出血。

③ 促进造血功能恢复。

④ 补充充分的营养，补充钾离子和碱性药物，同时可给予能量合剂。

4）恢复期：主要防止病情反复，治疗遗留病变。

① 加强护理，防止患者过劳，预防感染，观察各种并发症的发生。

② 继续促进造血功能恢复，贫血患者可给铁剂、服用补益和调理气血的中药。

③ 临床恢复期后，继续休息调养，经体检鉴定后，可恢复适当的工作。

【主要治疗措施】

(1) 骨髓型损伤的治疗

改善微循环：照射后早期微循环障碍可加重组织细胞损伤，尤其是重度以上核损伤更为明显。可于照射后最初 3 天静脉滴注低分子右旋糖酐，适量应用地塞米松改善微循环，增加组织血流量，减轻组织损伤。

防治感染：在治疗中占有非常重要的位置，尤其在极期，应把控制感染放在治疗的首位。

1）入院清洁处理。

2）消毒隔离。

3）注意皮肤黏膜卫生。

4）应用肠道灭菌药。

5）全身应用抗生素，是控制感染的重要措施，以有指征地预防性使用为好，指征为：

① 皮肤、黏膜出血。

② 发现感染灶。

③ 血沉明显加快。

④ 白细胞数降至 $3 \times 10^9 / L$ 以下。

⑤ 毛发明显脱落。

6）增强机体免疫功能。

7）注意局部感染灶的防治。

8）注意防治二重感染。

9）间质性肺炎和防治。

防治出血：核损伤出血的原因主要是血小板减少，其次还有微血管和凝血障碍等因素。可以进行血液有形成分输入，缺什么输什么,以补不足。

1) 补充血小板和促进血小板生成:给严重出血的患者输注新鲜血小板是目前最有效的抗出血措施。酚磺乙胺有促进血小板生成的作用,亦可用于核损伤治疗。

2) 改善血管功能:在假愈期即可开始应用改善和强化毛细血管功能的药物。如卡巴克洛、5 -羟色胺、维生素 C 等。

3) 纠正凝血障碍:6 -氨基己酸、维生素 K3 等。

输血:重度以上核损伤治疗的重要措施。

1) 输血:可补充血细胞、营养物质和免疫因子,刺激和保护造血功能;止血和抗感染输血时机如下。

① 白细胞数低于 $1 \times 10^9/L$,或粒细胞数低于 $0.5 \times 10^9/L$,或血小板低于 $(30 \sim 50) \times 10^9/L$。

② 血红蛋白低于 80 g/L。

③ 严重出血或病情严重、衰竭者。

2) 输白细胞:输入白细胞后,患者血中白细胞数可暂时升高,输入后 4~6 小时达高峰,以后逐渐下降。输入白细胞不能提高外周血中白细胞数,但可提高机体抵抗力,延迟和减轻感染。

3) 输血小板:输入的时机为如下。

① 白细胞数低于 $1 \times 10^9/L$ 或血小板低于 $20 \times 10^9/L$。

② 皮肤、黏膜出现出血。

③ 镜下血尿或眼底出血。一次输入血小板量为 $10^{11} \sim 10^{12}$ 个,血小板严重减少阶段需每天输一次。一般以输入新鲜血小板效果好。输血及血液有形成分,注意输注速度,避免肺水肿和脑水肿,对输注的血液或有形成分悬液,输注前用 15~25 Gy 线照射,除去其中的免疫活性细胞,减少免疫反应。

造血干细胞移植：造血干细胞移植的细胞来源有骨髓、胚胎肝和外周血。

1）骨髓移植（bone marrow transplantation，BMT）：骨髓含有丰富的造血干细胞，而且采集容易，所以是常用的造血干细胞移植方法。骨髓移植可用自体骨髓移植，或同种异体骨髓移植。目前用得多的还是同种异体骨髓移植。

① 适应证：较小剂量照射者，若自身仍保留重建造血的能力，不必移植。大于 7 Gy 照射的患者可考虑进行骨髓移植。

② 供体选择：最好选择同卵孪生兄弟，属于同基因移植。一般选择 HLA(human leukocyte antigen)相合或半相合的供体。按遗传规律同胞间的 HLA 相合概率为 25%，这种移植效果也较好，但仍可有部分免疫学反应。

③ 移植的时间：因为输入的造血干细胞需经 10~15 天以后才能增殖造血，所以应尽早移植。一般认为以照射后 1~5 天移植为宜，最迟不超过 10 天。

④ 输入细胞数：以$(2\sim5)\times10^9$/kg 为宜，总细胞数不少于 1.5×10^9个。

⑤ 采集和输入途径：为保证输入骨髓的质量，宜采用多点少量抽吸，防止混入过多的外周血。宜边采集、边输入，输入途径为静脉输入。

⑥ 并发症防治：可在移植前使用免疫抑制剂廓清骨髓腔，减少移植物被排斥。在植活以后常见的并发症为移植物抗宿主病(graft versus host disease，GVHD)，应积极预防。如受照 8 Gy 剂量，移植骨髓时，患者不要用免疫抑制剂。因 8Gy 照射，骨髓全部被廓清，如再用免疫抑制剂，等于给患者增加更大的打击，移植一

定会失败。

2）胚胎肝移植（fetal liver transplantation，FLT）：4～5月胎龄的胚胎肝中有丰富的造血干细胞，亦可作为造血干细胞移植的一个来源。用胚胎肝移植，造血干细胞植活的可能性很小。如能植活也只能形成暂时性嵌合物，在一段时间内起到造血作用，有利于患者渡过严重的造血障碍期，以后逐渐被排斥。适用于重度乃至中度核损伤人。

3）外周血造血干细胞移植：外周血中也有少量造血干细胞，约为全身造血干细胞的1％。先给供体注射"动员剂"，如地塞米松等，以增加外周血中造血干细胞含量，然后用血球分离器连续流滤。收集单个核细胞供移植用。但移植后的免疫反应可能更严重。

造血因子的应用：目前细胞因子的研究日益深入，许多重组的细胞因子陆续问世。已有的辐射事故已将有关的造血因子应用于核损伤的治疗。

（2）肠型核损伤的治疗

肠型核损伤多在1～2周死于脱水、酸中毒、败血症、中毒性休克等。因此首先应针对肠道损伤采取综合对症治疗，同时早期时行骨髓移植。待渡过肠型死亡期后，重点便是治疗造血障碍。

（3）脑型核损伤治疗

脑型核损伤多死于1～2天内。急救的要点是镇静、止痉、抗休克和综合对症治疗。发生抽搐时，用苯巴比妥、氯丙嗪等加以控制，呕吐、腹泻时，应予以止吐、止泻，针对休克，应予补液、输血浆，应用去甲肾上腺素、间羟胺、美芬丁胺等升压药。

28 对防御核辐射有益的食物有哪些?

碳水化合物：足够的能量供给有利于提高人体对辐射的耐受力，降低敏感性，减轻损伤，保护身体。谷物中的碳水化合物是身体所需能量的主要来源，一旦摄入不足，将迫使体内脂肪和蛋白质不断转为能量，造成蛋白质的相对不足，从而影响辐射损伤组织的修复，或使辐射损伤加重。

蛋白质：蛋白质摄入不足会造成组蛋白合成不足，导致肌肉、心、肝、肾、脾等脏器的重量减轻，出现功能障碍，从而对辐射的敏感性增高。故需摄入充足的优质蛋白质，增强机体抵抗核辐射的能力。

脂类：人体受辐射照射后食欲缺乏、口味不佳，脂肪的总供给量要适当减少，但需增加植物油所占的比重，其中油酸可促进造血系统再生功能，防治辐射损伤效果较好。

维生素：维生素缺乏，会降低身体对辐射的耐受性，宜加量供应。

矿物质：微量元素与其他营养相互之间的关系也很重要，如锌对许多营养包括蛋白质与维生素的消化、吸收和代谢都有重要影响。辐射损伤时，矿物质包括微量元素过量或不平衡，均会产生不良影响。

多糖类：人参、枸杞、当归、灵芝、沙参、木耳、海带、猴头菇等可以提高机体免疫力，降低辐射对造血功能的损害，清除自由基。

黄酮类：黄芪、大豆异黄酮、银杏叶等，可以刺激造血功能。

紫苋菜：具有抗辐射、抗突变、抗氧化的作用，与其含硒有关。

硒是一种重要的微量元素,能提高人体对抗辐射的能力。

绿茶、银杏叶茶:绿茶的茶多酚,有抗癌和清除体内的自由基的效果,可以抗辐射;银杏叶茶,能升高白细胞,保护造血功能。

番茄:富含番茄红素,番茄红素不仅具备卓越的预防和抑制癌症、保护心血管的能力,还具备很强的抗辐射能力。但是,番茄红素是脂溶性维生素,必须用油炒过才能被人体吸收。

多酚类:如话梅中的梅多酚、葡萄中的葡多酚,也都可以抗氧化、消除自由基。

黑芝麻:中医认为,黑色入肾,"肾主骨升髓通于脑",各种辐射危害主要影响人体大脑和骨髓,使人免疫系统受损。故多吃补肾食品可增强机体免疫功能,有效保护人体健康。

心理篇

1 核辐射可能产生哪些心理问题?

人的心理活动是人脑对客观现实的反映过程,即内、外各种因素作用于人的高级神经中枢而引起的复杂反应。不同的环境对人的心理活动造成的影响不尽相同。核辐射是严重危害人类健康的重要因素之一,人们往往对其存有恐惧。当受到辐射或怀疑受到辐射时,人通常难以保持心理平衡而产生沉重的心理负担,进而导致机体代谢紊乱,产生躯体症状。

2 核辐射对人的心理影响有哪些表现?

核辐射事故破坏力巨大,其不可预见性和远期的不确定性,给可能接触核或可能受到核影响的人群造成巨大的心理压力,不安全感剧增,故很容易造成心理问题。轻者仅表现出负面情绪,严重者可能产生躯体症状。一般表现为主观感觉异常、情绪低沉易波动、自尊心增强、沮丧、警觉、恐惧、失忆、失语等,有的同时具有 2 种或 2 种以上的心理反应。猜疑、焦虑不安和恐惧是最主要的表现形式。

此外,对受到核辐射照射的群体,特别是对 1945 年日本广岛和长崎的原子弹爆炸幸存者进行的长期流行病学研究已经证明,辐射照射也具有延迟诱发恶性肿瘤的可能性。在日本广岛的原子弹爆炸的幸存者中,部分人出现容易疲乏和感冒、头部沉重、食欲减退、耳鸣、失眠、心慌、头晕等症状。对苏联切尔诺贝利核电站事故 101 名存活者远后效应研究中发现,其中有 60% 的人记忆力下降,58% 的人情绪不良。这都说明核辐射对人的心理活动会产生负面影响。当然除放射损伤本身外,放射事故事件对受害者的心身健康也是有一定影响的。

3　核事故情况下有什么心理状态?

发生核事故紧急情况后,人们的心理会发生很大变化,可能由于伤痛,可能由于亲人或战友的伤痛甚至死亡,也可能由于仅仅因自身脆弱而受到较大的心理创伤。一般表现为主观感觉异常、情绪易波动、自尊心增强,其主要特征为猜疑、焦虑不安和恐惧,有的同时具有两种或两种以上的心理反应。

4　核辐射后为什么猜疑心会加重?

事件发生后,核辐射的影响不可能很快消除,一般情况下人们对辐射的敏感性会增强,主观异常感觉增多。对任何事务都特别敏感,稍有异常就紧张不安。躯体的耐受力下降、感觉身体不适,如感到腹主动脉猛跳、某处神经颤抖、脑子也变笨了。有人甚至将平时的小毛小病都与此联系在一起,造成心理负担加重。部分人群会产生不同程度的猜疑心理。这种猜疑可能源于对辐射的恐惧,而恐惧又加重了猜疑心理。感觉核辐射无时不在、无处不在,甚至怀疑周围的人对自己不讲真实情况。

5　核事故后为什么会产生焦虑和抑郁情绪?

任何一次核事故发生后,不管是否受到实际的辐照,人都会有精神上的疲惫和焦虑。研究表明,青壮年中焦虑和抑郁是主要的心理健康问题之一。焦虑和抑郁为心理活动中常见的负性情绪。一般来说具猜疑心理的人也同时存在焦虑不安心理。患者极度紧张、感觉恐惧并伴有难以忍受的不适感。他们害怕自己受辐射影响,愁闷不已,情绪极度消沉。长时间的焦虑和抑郁会导致人体出现困惑、迷茫、疲惫、惰性、躯体化症状增加、睡眠质量降低、视觉简单反应时延长、联想记忆能力减退等情况。因此,医学工作者应对患者进行必要的心理疏导以解除其心理恐慌状态。

6　核事故后为什么人们会有恐惧心理?

焦虑和恐惧是对预期心理威胁的一种情绪反应。面对核事件造成的巨大影响,产生恐惧也在所难免,这个阴影在有些人群中,可能会存在相当长的时间,导致听到核辐射或见到事发现场,就会忧心忡忡、焦虑不安、心理负担加重,进而感到恐惧,甚至犹如大祸临头一般。

一般内科疾病而导致的对放射性材料的恐惧心理的事件:如某放射性单位工作人员5人,在同一操作间对放射性材料进行检测,接触放射性铀。第6天上午,其中1人突感头晕乏力,随后出现恶心呕吐,伴鼻塞流涕、咽痛、食欲缺乏等症状,怀疑受核辐射损伤,很快脱离现场。当得知可能有核辐射损伤时,另外3人随即出现心理、生理应急反应,也出现类似症状,另1人则无任何症状出现。之后第一名产生症状者被诊断为病毒性感冒,经一般内科治疗2周痊愈,另3人知悉后症状消失。这3人的症状明显系对辐射的恐惧引起的心理反应、生理反应或是应激反应。

7 核辐射紧急情况下如何应对心理问题?

发生核辐射紧急情况后,不管是否受到辐照,都会发生心理应激,这种情况归因于人们对健康危险的自我感受。

重要的是自我调整,也可加强核辐射知识、心理知识的普及和宣传,加强心理疏导。对存在严重心理问题的人应进行必要的心理治疗。同时,主管部门要有能力协调帮助,采取迅速而有效的行动来控制辐射,使群众产生安全感。

8 核事故发生后,人为什么会感觉害怕?

主要是对核事故的认识不足,由于原子弹的杀伤面积大,并有遗传效应,使人们"谈核色变"。不管是否受到实际的核辐射的照射,都会有精神上的疲惫和焦虑。这源于人们对健康危险的自我感受,部分取决于人们对主管部门处置能力的疑惑。同时医学工作者应对民众进行必要的心理疏导,解除心理恐慌状态。

9 公众在核辐射突发事件中及事件后应如何控制情绪和保持良好的心态?

涉及核与辐射的突发事件易引起人们的恐惧心理。对此首先要贯彻预防的原则。对于受到心理打击的受害者,可以采取心理安抚的方法来解除精神紧张。有的受害者可能会出现某些不良行为,有的人表现为精神抑制、退缩、被动和消极等特征,还有一些人可能出现失态的表现。这些情况要求心理学家必须根据患者的具体情况,采取有针对性的心理治疗方法。患者的家属和相关的人员应及时为这些人员作心理治疗,使他们在突发核事件中及事件后能够获得专业人员的帮助,解除他们的不良情绪。

10 哪些人员应接受心理卫生的帮助?

核事故灾害后应对产生心理障碍的人员给予心理卫生的帮助。首先,直接卷入大规模灾难的幸存者,都需要及时给予心理援助,包括潜在受灾者。其次,与他们有密切联系的个人和家庭。再次,从事救援或搜索的人员、帮助进行重建或康复工作的成员和志愿者也应考虑在内。最后,在邻近灾难场景时易感性高的个体,也可能表现心理病态的征象而需要帮助。

11 核辐射后的民众心理效应及其应对措施有哪些?

核辐射事件会对公众的心理造成影响,在公众中引起恐慌,从而破坏正常的社会生活秩序;同时也会对伤员和周围人员产生不同程度的心理和精神压力,严重时可增加其他疾病的发病率,引起应激性精神损伤。

(1)心理损伤的临床表现

恐惧和焦虑,多数人以避开打击、设法逃脱的情绪为主,少数人出现精神异常、不能自理等严重的应激损伤。

(2)心理损伤的预防和治疗

1)预防:事先在应急救援计划、基础设施、专用设备和人员培训上做出安排;保持重要信息传播渠道的畅通,加大决策工作的透明度,积极引导公众参与决策。

2) 治疗:明确告诉伤者身体很快会好转;保持良好的休息和充足的营养;必要时使用镇静药或抗焦虑药。

媒体传播时尽量减少公众接触伤员、尸体或令人紧张的现场。

社会管理层面,正确及时的信息报道,及时恢复社会及家庭的支持工作,可以稳定公众情绪,减少误解,使伤员尽早脱离消极心理。

管理篇

1 核污染发生时,应进行何种有效的干预?

对核事故污染区域划出边界,对边界以内的人员进行干预,必须根据污染程度,及时进行分类和洗消,让社会人员统一听从指导,迅速撤离到指定地点,防止污染扩散。

2 核事故不同区域公众的干预措施有哪些?

核事故附近地区的公众,有些会因为核事故产生不良行为,如:挑衅、蛮不讲理、抑郁、退缩和消极、孤立感等。这些行为通常是短暂的,是可以理解的。绝大多数人的这些表现可能在不长的时间内消失。若行为程度严重到影响家庭生活和工作,持续时间较长(如超过 6 周),要到正式相关医疗机构寻求帮助。

核事故影响区域以外的公众要知道,即使是从核事故附近地区撤离和疏散出来的居民,经过放射性检验和必要的洗消,他们本人是没有被污染的,与他们接触是不会被污染的。

远离核事故影响区域的公众要保持乐观心态,不要过多考虑核事故及其后果。

3 导出干预水平的照射途径和防护措施有哪些?

表 17   导出干预水平与相应的照射途径、防护措施

导出干预水平	照射途径	防护措施
γ射线外照射剂量率引起的γ射线外照射超过本底水平2倍以上	烟尘和地面沉积物	隐蔽、搬迁、撤离
空气中放射性核素超过本底水平2倍以上	烟尘中的放射性物质	隐蔽、撤离
放射性核素的地面沉积水平超过本底水平2倍以上	地面沉积物致β射线/γ射线外照射,吸入再悬浮物质	搬迁、撤离
食品、牧草或饮水中放射性核素的浓度超过本底水平2倍以上	摄入食物或饮水	限制生产或消费

4 核辐射后如何选择食品?

应食用储备粮及储备水。

应食用没有沾染过的牛奶、蔬菜、水果、谷物,有包装的更好。

如果是市场上买来的食物,可采取洗涤、去皮等方法去污染,测量剂量标准达标更好。

低温保存,可使短寿命放射性核素自行衰变。

5 如何控制交通?

控制道路可防止放射性物质由污染区向外扩散,交通要区分

进入(无污染)、出来(有污染)的通道。出来的道路一要建立剂量监督站,及时进行测量,掌握污染程度;二要在充足的水源地建立洗消站,及时对人员、车辆进行洗消,在洗消后,再测量,确认没有污染后再放行;三要建立急救站,及时对病情最重的患者进行抢救;四要设立路标及指挥哨。

避免进入污染区人员受照射。

减少交通事故。

6　如何消除人员沾染?

首先是干洗消,就是拍、打、刷、扫。然后是人员淋浴,肥皂擦洗不少于半小时。

身上的衣服、鞋、帽脱下后,存放专门地点自然衰变(一般一年以上),或除沾染,洗消,多数废弃,统一放置,统一处理。

严格防止放射性污染扩散到未污染区。

7　如何处理污染区地区沾染物?

污染区建筑物、地面、设备、道路、土地等要进行除污染处理。

目前主要方法是:用水或清洁剂冲洗、用真空泵吸尘、去表层。

冲洗后被污染的水,要统一保存,在深山中打洞保存,不可再用。

铲下的表层墙皮及吸出来的污染尘土,统一深埋地下 3 米以下,并明显标志,永不开挖。

许多国家使用水泥密封的方式,运送公海深藏的办法(但现在也受到国际上许多国家的反对)。

8 核事故阶段怎么划分?

早期:从有严重放射性物质释放先兆到释放开始后最初几小时。这个阶段的照射途径主要是辐射烟尘(从烟源连续排放的可见轮廓的烟气流)的外照射及吸入放射性物质的内照射。

中期:是指从放射性物质释放的最初数小时起,一直延伸至其后数天或数星期。这期间,大部分的辐射外泄已经发生,且放射性物质可能已沉积到地面。因此,该阶段的照射途径主要是沉降在地上的放射性物质的外照射、吸入再悬浮放射性物质的内照射及饮用或进食受污染的水和食物造成的内照射。

晚期:是指从核事故中期的后段开始,延伸至环境辐射水平回复至可接受水平的期间。这段时间可以是数星期或长达数年不等。这个阶段的长短与已泄漏的放射性物质的多少及受影响的范围大小有关。而这个阶段的照射途径与核事故中期的照射途径基本上是相同的。

9 我国的核事故应急系统是否已经建立?

我国核工业于 20 世纪 50 年代中期开始建立,但核电的起步较晚。20 世纪 50 年代后期,秦山和大亚湾核电站的建设拉开了我国核电发展的序幕。虽然核电是清洁、安全的能源,但由于核反应堆堆芯包容有极大量的放射性物质,这些放射性物质是极强的放射源,一旦发生严重事故,有可能对工作人员、公众和环境造成严重的危害。我国积极吸取美国三哩岛、苏联切尔诺贝利核电厂和日本福岛核电站事故的教训,把安全问题当成核电的生命线,不断强化核安全管理,在提高核电厂安全水平以预防、缓解核电厂严重事故发生的同时,开展核应急准备工作,把核应急准备与响应当作核电厂纵深防御的最后一道屏障。

通过十几年的努力,我国逐步建立了以核电厂为重点的核事故应急管理系统,为我国核应急工作打下了良好的基础。

10 我国核事故预防和核应急管理的政策和法规有哪些?

为了切实做好核事故预防工作,国务院于 1986 年至 1987 年先后颁布了《民用核设施安全监督管理条例》(国发[1986]99 号)和《核材料管理条例》(国发[1987]57 号),确立了我国民用核安全责任制度、核安全许可和监督制度,以及核材料许可制度。从此,我国民用核设施的选址、设计、建造、运行和退役逐步纳入依法严格监管的轨道。

1993 年,国务院颁布了《核电厂核事故应急管理条例》(国务院令第 124 号,以下简称《应急条例》),标志着我国核应急管理体系正式确立。该条例明确了我国核事故应急管理工作实行"常备不懈,积极兼容,统一指挥,大力协同,保护公众,保护环境"的方针。按照《应急条例》的规定,我国核应急管理体系由国家、地方政府和核电厂营运单位三级核应急机构组成。《应急条例》还规定,在核电厂首次装料前,核电厂的核应急机构和所在省省级人民政府指定的部门应当组织场内、场外核事故应急演习;新建的核电厂必须在其场内和场外核事故应急计划审查批准后,方可装料。与《应急条例》相配套,1997年中央军委颁布了《中国人民解放军参加核电厂核事故应急救援条例》(中央军委令[1997]军字第30号),对军队参加核应急救援做出了规范。

2002年11月我国正式实施《中华人民共和国安全生产法》,该法把生产该法把生产安全事故的应急救援和调查处理作为我国的基本安全生产制度加以规定。2003年6月28日我国公布的《中华人民共和国放射性污染防治法》对核设施营运单位和国家建立健全核事故应急制度做出了规定。

2013年6月30日我国修订《国家核应急预案》,对中国境内核设施及有关核活动已经或可能发生的核事故的应急措施加以规定。同时也对境外发生的对中国大陆已经或可能造成影响的核事故应对工作做出指示。2015年7月,新修订的《中华人民共和国国家安全法》开始实施,进一步强调加强核事故应急体系和应急能力建设,防止、控制和消除核事故对公众生命健康和生态环境的危害。2016年1月27日国务院新闻办公室发布《中国的核应急》白皮书,其中新制定了核应急政策,明确了:中国核应急基本目标是"依法科学统一、及时有效应对处置核事故,最大程度控制、缓解或消除事故,减轻事故造成的人员伤亡和财产损失,保护公众,保护环境,维护社会秩序,保障人民安全和国家安全";中国核应急基本方针是"常备不懈、积极兼容,统一指挥、大力协同,保护公众、保护环境";中国核应急基本原则是"统一领导、分级负责,条块结合、军地协同,快速反应、科学处置"。我国高度重视核应急的预案和法制、体制、机制(简称"一案三制")建设,通过法律制度保障、体制机制保障,建立健全国家核应急组织管理体系。

加强全国核应急预案体系建设、法制建设和管理体制建设。2017年9月1日,中华人民共和国第十二届全国人民代表大会常务委员会第二十九次会议通过《中华人民共和国核安全法》。该法在保障核安全,预防与应对核事故,安全利用核能,保护公众和从业人员的安全与健康,保护生态环境,促进经济社会可持续发展等方面有指导作用。条例中明确指出:国家应设立核事故应急协调委员会,组织、协调全国的核事故应急管理工作;牵头制定国家核事故应急预案,经国务院批准后组织实施;核设施营运单位应当按照应急预案,配备应急设备,开展应急工作人员培训和演练,做好应急准备;国家建立核事故应急准备金制度,保障核事故应急准备与响应工作所需经费;国家对核事故应急实行分级管理;国务院核工业主管部门或者省、自治区、直辖市人民政府指定的部门负责发布核事故应急信息。上述这些法规都为做好我国核应急工作提供了强有力的法律保障。

在贯彻执行《应急条例》的同时,国家核事故应急协调委员会、国家环保总局、卫生部等核应急管理和监督部门参照国际上近些年来关于应急概念和应急技术的研究成果与工作进展,结合我国国情制定了一系列相关的导则、标准或部门规章,内容涉及应急计划与应急执行程序的内容与格式、应急计划区划分、干预原则与干预水平、应急培训、演习、通知与报告、医学应急等。

11 国家是怎样层层建立核应急管理机构的?

为加强国家对核事故预防和核应急管理工作的领导,1991年国务院决定成立国家核事故应急委员会，负责统一领导全国的核事故应急准备和救援工作。国家核事故应急委员会由国务院领导担任主任，委员会由来自国务院和军队 20 个部门的负责同志组成，办公室设在国务院核电办。

1995 年国务院决定成立国家核事故应急协调委员会，负责研究制定核事故应急准备和救援方面的政策措施，统一组织协调全国核事故应急准备和救援工作。核委员会由国家计委牵头，由国务院和军队 19 个部门的负责人组成，日常工作由设在国家计委的国家核事故应急办公室承担。

1999 年根据机构改革的需要，国务院调整了核事故应急协调委员会组成单位及其成员，成立了由国防科工委牵头，由国务院和军队 17 个部门的负责人组成的新一届委员会，日常工作划转到国防科工委的国家核事故应急办公室承担。

2003 年 3 月国务院换届，有关部门职责发生了变化；同时，结合国家反恐怖的部署和抗"SARS"过程中党中央和国务院关于完善公共危机管理机制的一系列指示，国家对应急协调委员会做了相应调整。新一届应急协调委员会于 2004 年 3 月成立，仍然由国防科工委牵头，由国务院和军队的 18 个部门组成。

2012 年 4 月 6 日，《国务院办公厅关于调整国家核事故应急协调委员会组成单位及其成员的通知》中，为适应核应急工作新形势新任务的需要，成立国家核事故应急协调委专家委员会，作为协调委决策咨询的支撑机构。该修订在《国家核应急预案》基础上，建立国家、省和核设施运营单位三级预案体系，加强了应对叠加自然灾害的针对性和实用性。根据通知要求，国家核事故应急协调委成员单位由 18 个增至 24 个,设省级核应急组织的省份由 12 个增至 16 个,我国核应急组织机构和核应急体系进一步完善。首次加入了核应急与军工核安全监管,并新设国家核安保中心。

国家核事故应急协调委员会由国家计委牵头,外交部、国防科工委、公安部、交通部、邮电部、卫计委、国家环保局、国务院港澳办、国务院新闻办、中国气象局、国家海洋局、国家核安全局、原总参谋部、原总后勤部等单位参加;由国家计委副主任叶青任协调委员会主任,电力部、中国核工业总公司、总参谋部的一位领导同志任副主任。委员会的日常工作由国家计委国家核事故应急办公室承担。

国家核事故应急协调委员会的职责如下。

(1)拟定国家核事故应急工作政策;

(2)统一组织协调国务院有关部门、军队和地方人民政府及核电站主管机构的核事故应急工作;

(3)组织制定和实施国家核事故应急计划,审查批准场外核事故应急计划;

(4)适时批准进入和终止场外应急状态;

(5)提出实施核事故应急响应行动的建议;

(6)审查批准核事故公报、国际通报,提出请求国际援助方案。

12 我国核应急工作推进情况如何?

目前,涉及国务院和军队的 24 个部门,覆盖浙江、广东、江苏三省地方机构和南京、原广州军区以及秦山、大亚湾、田湾三大核电基地(运行和在建的核电机组 11 台)的我国核应急管理组织体系和相关的技术支持网络均运转正常。国家、地方和核设施营运单位等各级应急组织编制并不断更新、完善应急计划;建立了应急指挥中心和通信系统,以及辐射环境监测、气象观测和去污洗消、人员安置、公众信息交流等应急设施;进行了必要的应急物资、药品的储备;依法开展了核应急培训、演练和演习活动;开展公众宣传和信息交流活动,增强与公众的沟通;确保了我国维持满足应急响应要求的核应急响应能力,有力促进了我国核电与社会、环境的协调发展。

为使我国的核应急工作与国际接轨,我国积极开展了核应急工作的国际交流,与国际原子能机构、世界卫生组织等国际组织及各有关国家与地区开展了核应急工作的双边合作、技术交流与人员交流。通过国际交流,我国引进相关的国际规定、标准、导则或成熟经验,并结合国情加以修改、吸收或采用。

13 核应急管理体系如何全面发挥作用?

核能是一种高效、清洁的能源,但同时也存在着一定的安全风险。除核电厂外,其他核设施和核活动也可能出现事件或事故,并导致核或辐射应急,因此,也必须进行必要的应急准备。为了保障核能的安全,各国都建立了相应的核应急管理体系。我国已有的核应急管理体系主要是针对核电厂建立的。当前急需加强核应急准备体系的全面建设,使现有的核应急管理体系扩展到其他核设施和核活动。国家有关核应急管理部门正在采取积极稳妥的做法,推进这方面工作的进展。

核应急三级管理体系是一种比较完善的管理模式,在核事故中发挥重要作用。该体系包括以下三个方面。

(一)预防措施

预防措施是核应急管理的第一道防线。在核电站建设之前,必须进行全面的安全评估和风险分析,制定相应的应急预案。此外,还要对核电站安全进行全面的安全培训,提高员工的安全意识和应急能力。在运行过程中,还要定期进行设备检查和维护,确保设备的正常运行。

(二)应急响应

应急响应是核应急管理的重要环节。在核事故发生时,必须迅速启动应急预案,组织应急救援队伍进行处置。核应急三级管理体系中,一级响应是指在核事故发生后的第一时间,启动应急预案,组织应急救援队伍进行处置。二级响应是指在一级响应的基础上,进一步扩大应急救援范围,增加应急救援力量。三级响应是指在二级响应的基础上,进一步扩大应急救援范围,增加应急救援力量,同时向国际社会请求援助。

(三)事后处置

事后处置是核应急管理的最后一道防线。在核事故发生后,必须对事故进行全面的调查和分析,总结经验教训,完善应急预案。同时,还要对事故造成的环境影响进行评估和治理,确保环境的安全。

核应急三级管理体系是一种比较完善的管理模式,可以有效地保障核能的安全,全面发挥核应急管理作用。核能的安全问题是一个长期的过程,需要不断完善和创新。

14 我国国家核事故医学应急组织体系

国家核事故应急协调委员会（办公室）		
核事故医学应急专家咨询组	国家核事故医学应急领导小组	地方核事故医学应急组织
放射性疾病诊断专家咨询组	国家核事故医学应急领导小组办公室	

卫计委核事故医学应急中心				
第一临床部	第二临床部	第三临床部	监测评价部	技术后援部
外沾染处理组	放射损伤综合治疗组	放射病治疗技术组	内污染监测评价组	剂量监测评价组
救治药箱配备组			外剂量监测评价组	辐射防护组
患者剂量估算组	造血干细胞移植组		食品与水监测组	救治药箱配备组
放射损伤救治组			辐射防护组	放射损伤救治组
造血干细胞移植组			信息通信组	造血干细胞移植组

核和辐射损伤救治基地	
国 家 级	省 部 级
承担全国核事故和辐射事故医疗救治支援任务	承担辖区内核事故和辐射事故辐射损伤人员的救治和医学随访和人员所受辐射照射剂量的监测和健康影响评价
开展人员所受辐射照射剂量的监测和健康影响评价	协助居边省份开展核事故和辐射事故辐射损伤人员的救治和医学随访，以及人员所受辐射照射剂量的监测和健康影响评价
特别重大核事故和辐射事故卫生应急的现场指导	负责核事故和辐射事故损伤人员的现场医学处理
开展辐射损伤救治技术培训和技术指导	

图3 国家核事故医学应急组织体系

15 核或辐射损伤疾病紧急情况的救治

自从核能被应用于工业、医学、科学研究、军事等领域以来,不良的核或辐射事件或事故在世界多地发生,如苏联切尔诺贝利核电站事故和美国三哩岛核电站事故、福岛核电站泄漏等。核或辐射事故具有危害性大、波及范围广的特点,容易造成群体性伤害,甚至造成大量人员死亡。核与辐射突发事件不但会造成人员机体损伤,还会对公众造成心理及精神压力,导致一系列的不良社会影响。近年来核与辐射突发事件的应急处理已成为突发公众卫生事件中的研究热点,卫计委对于医院应对核辐射突发事件的应急能力也益加关注。因此,发生核或辐射突发事件时,能及时、有效地开展卫生应急处置,最大限度地减少事故或事件造成的人员伤亡和社会影响,对于保障人民身心健康、维护社会稳定具有重要意义。

应对核与辐射紧急情况的主要原则和目标包括减轻事故现场的伤害、提供初级急救、减少对一般人群的延迟影响、关注相关人员的心理应激、保护环境。

(1) 伤员现场检伤分类

检伤分类是将受伤人员按其伤情的轻重缓急或立即治疗的可能性进行分类的过程。目前,检伤分类已逐步应用于各种大型灾害救援现场和对医院急诊患者的病情评估,以合理配置和应用卫生资源,最大限度地发挥现场救援的作用。与普通战伤和爆炸伤相比,核与辐射损伤及其分类具有其特殊性。核与辐射损伤常常有群体性、辐射性、致命性并伴随其他复合外伤的特点,往往超出现场实际的医学救治能力。另外伴随着放射性污染的吸收或渗透,稍微迟缓的医学处置就有可能带来长期或严重的后果。核事故中人员受照射的方式分为内照射和外照射,放射性核素可通过呼吸道、消化道及皮肤伤口等方式进入体内引起内照射或穿透一定距离被机体吸收产生外照射。内外照射引起的放射性损伤称为放射病,主要症状包括疲劳、头晕、失眠、呕吐、腹泻、脱发、皮肤发红、溃疡、感染、内脏出血、组织坏死、造血功能障碍、白血病等,甚至增加癌症、畸变的发生率。核辐射事故的危害性也决定了其应急救援的特点,即技术性、复杂性和艰巨性。

因此,对核辐射伤员医学救援的检伤分类显得尤为迫切。

根据伤情、放射性污染和辐射照射情况对伤员进行初步分类为以下三项。

第一,局部或全身的外照射损伤发生后,受照剂量是判断核辐射损伤伤员危重程度的最关键的指标,因此在诊断分类时应首先了解伤员的受照射史。收集可供估算人员受照剂量的生物样品和物品,对可能受到超过年剂量限值照射的人员进行辐射剂量估算。也可以根据照射史和临床表现大致推算单纯外照射剂量。

第二,一般情况下,单纯放射性污染不会造成即刻的致命性损伤,但是,对严重的放射性污染如果不及时处理,可能造成长期的和难以逆转的损伤。因此,原则上只要判断伤员有放射性内污染,就要尽快服用阻吸收药和促排药。只要判断伤员体表有放射性核素污染,就要尽快给予彻底洗消。

第三,放射性复合伤的分类处置,除了单纯的急性放射性损伤和单纯的放射性污染外,还可能同时存在冲击伤、烧伤或其他常规损伤,应对其进行伤势评估分类及现场应急处置。

根据卫计委相关部门规章,具备放射诊疗的医疗机构需按规定制定辐射事故应急预案并组织培训及演练。制定应急方案是为了有效应对辐射突发事故,提高应急响应能力,建立快速反应机制,减少因辐射事故造成的人员伤亡、经济损失和社会影响。

还需要根据事件的大小、伤员的多少与现场医学救援力量,灵活掌握分类原则,客观分析救治需求和救援可能,在第一时间给予现场伤员以最大限度的医疗救助。

（2）现场应急救援

现场应急救援合理有序地进行对于减轻核辐射突发事件的危害十分重要。根据防护最优化和辐射剂量限值原则,现场救援人员必须做好个人辐射防护,规范穿戴防护设备,配个人剂量仪,必要时服用预防性药物,避免不必要的损害。现场救援人员抵达事故地点后立即与保卫科配合封锁、控制事故现场;迅速划出放射性污染区,疏通应急撤离通道,在领导小组及安保人员指挥下,有序组织放射性污染区内的人员撤离;其他救援人员在现场安全距离外负责接送伤员,并疏散周围人员;设置醒目警示牌,拉警戒线,无关人员不得进入危险区域。

现场救援流程应遵循:快速有效、边发现边抢救,将伤员尽快撤离现场,初步分类,分级转送,保护伤员和救援人员的安全。救治重症和抢救生命是应急救援的首要任务,对重症伤员采取紧急救护措施,如气管通畅、维持血循环和止痛。现场救援要根据伤员情况进行紧急诊断后救治:对危重伤员优先抢救,待血压和血容量恢复后再作去污处理;对无生命危险的伤员初步去污处理后送相关科室接受医学检查和处理。核素辐射和放射性污染并不会使伤员立即产生眩晕、昏迷、烧伤或剧痛等症状,此时需探究其他因素而非辐射。

第一，伤员分类标记。核辐射损伤分类完成后，需要为伤员佩戴不同颜色标志以明确分类信息，避免在后续运送救治等环节的重复或遗漏。分类牌上应清楚标示损伤类型、损伤程度和处置前后次序，如紧急处置、优先处置、常规处置和期待处置可以分别以红色、黄色、绿色和黑色标识。一般将分类牌挂在伤病员左胸前醒目处，待各科、室、组完成分类牌指示的处置后取下或根据需要另换分类牌。

第二，危重伤员紧急救护。对危重伤病员现场进行紧急救护，包括心肺复苏、建立静脉通道、开放性创伤的止血包扎等处置，然后用防辐射毯包裹尽快撤离现场，送至卫生行政部门指定的有放射病、血液病、肿瘤或烧伤专科的专科医院或综合医院以及职业病防治院、急救中心等，承担辖区内的核事故和辐射事故医疗机构。

第三，对非重伤员进行放射性污染检测、剂量初估、外周血淋巴细胞计数、采集生物样本和剂量估算样品后，按受照射剂量进行医学处理：(1) 大于 8 Gy 3 人以上送国家核和辐射损伤救治基地治疗；(2) 大于 4 Gy 以上送省级核和辐射损伤救治基地治疗；(3) 2～4 Gy 送省级指定医院治疗；(4) 2 Gy 以下送普通医院治疗。

第四，对未受照射、无污染伤员进行常规治疗、心理咨询；未受照射、有污染、无损伤人员，须脱去污染衣物，就近去污洗消；未受照射、无污染、无损伤人员，登记信息后允许回家。

伤员现场救治应急预案是一套完整应急处理体系的基础，具体内容要点包括应急组织及职责、技术基础及应急准备、应急响应程序三方面，所规定的内容要清楚明朗、措施具备科学性和可操作性，满足核辐射突发事件中应急救援的需要。应急预案中的第一原则必须是"抢救生命",确保不因其他原因而延迟救生行动。此外,应急方案要将责任分配到位,分工明确,对于救援人员、设施、仪器装备、药品、培训及演练等方面做出详细的规定和解读。刘长安等提出应急预案要具体到核辐射事故的事前、事发、事中、事后的各个环节,具体谁来做、怎么做、何时做,以及用什么资源来做等细节。制定全面而完善的应急预案、规范应急管理体系和实施应急演练对于应对核辐射突发事故的意义重大,能够帮助医院及时、有序、有效地应对核辐射突发事故,启动应急救援系统,采取措施防止事件的蔓延、扩大。

(3) 应急设备及药品准备

为及时有效的应对核辐射突发事件的发生,应急预案中需规定医院在医疗仪器设备(急救设备、辐射监测设备、个人防护设备、通用物资等)等方面做好充分准备。急救设备包括除颤仪、血细胞计数器、显微镜等;辐射监测防护仪器包括辐射巡测仪、表面污染监测仪、全身污染监测设备、洗消设备等;个人防护装备包括自读式个人剂量计、防护服、换洗衣物和鞋子等;通用物资包括对讲机、可移动担架床、轮椅、标本采样材料等。医院还需储备必要的应急救援药品,包括常规的急救药物、放射损伤防治药、去污剂、放射性核素阻吸收药和促排药等。在医院库房的阴凉处设立专门区域存放应急药品,并根据类别及功能进行分类、编号、标识。此外,应当在核医学科内放置足够的备用药品。应急设备、物资及药品应由专人负责保管、清点、登记等工作,并定期检查仪器、药品的数量和有效期,使用或过期后应及时补充更新,保证以上用品一直处于应急备用状态。

(4) 心理援助

核辐射的特点是看不见、摸不着、嗅不到的,让人无法感知和控制。所以其导致人群心理恐慌的影响力要比事故的实际危害更为严重。为了最大限度地减少核电站事故对民众心理影响，应当提前制定好心理援助工作方案，建立系统的长期的心理援助机制，培训心理援助专业人员并开展辐射防护的宣传教育。核辐射突发事故会引发人群恐慌、秩序混乱等不良社会影响，因此为减少负面影响必须控制舆论。工作人员及救援人员不应将有分歧或未确定的事故细节公开发表，造成公众的不安心理。需及时向上级卫生部门汇报本次事故的全过程及完整细节，经有关部门有组织、有计划地发布核辐射突发事故的相关情况。同时还需对公众进行宣传教育，指导公众进行有效的心理疏导和个人防护。

（5）辐射事故辐射监测和公众防护

核辐射事故现场的辐射监测是应急救援的基本任务及关键环节，在确定现场辐射剂量率，评估现场人员、物品和设备的污染水平，估算人员受照剂量，制定救援人员的剂量控制水平等方面具有决定性作用。为防控放射性污染蔓延，救援人员需与医院后勤部配合切断一切可能扩大污染范围的环节，严防对医院人员、食物、水源及周围环境造成污染；迅速开展对医院食物及水源的辐射监测，评价是否可食用或饮用；对可能造成的环境污染事故，医院必须上报并协助环境保护部门进行处理。为去除伤员体表和伤口的放射性污染物质、处理污染物品，事故现场需设立放射性污染洗消站，配备放射性污染监测仪、放射性去污洗消液等设备。根据医护患1∶2∶2的比例合理安排洗消医生和洗消护士人数，严格进行去污工作，防止污染扩散。放射性污染现场在尚未达到安全水平之前，不得解除封锁。

对于核辐射事故中的伤员，除身体治疗外，还应采取适当的心理干预,避免引发心理疾病。对于恐惧和焦虑的伤员进行心理辅导,帮助他们主动接纳和缓解紧张情绪;对于心理应激严重者采取个性化心理治疗,如认知疗法、集体治疗、放松训练等,必要时配合精神药物治疗保持平稳心态,消除恐惧心理。引导公众通过多种渠道,如书籍、权威媒体,有关政府部门、专业机构的网站获得有关知识,认识核辐射的难防性和可防性。引导人群采取必要的防护措施,进行自救互救。例如在建筑物中隐蔽,关闭门窗和通风设备;采取呼吸防护,包括用湿毛巾、布块等捂住口鼻;采用洗澡和更换衣服来减少放射性污染;防止摄取污染的食品或水等,这样可以最大限度地避免核事件带来的危害。

(6) 卫生应急人员防护

卫生应急人员要明确救援任务的要求,做好自身的个体防护,加强个人剂量监测,尽量减少受辐射剂量。卫生应急人员应急救援小组应保证核辐射突发事件中应急救援职责到位,流程清晰明确,现场井然有序。科学合理的应急指挥是应急救援任务完成质量的关键。辐射救援组分为领导小组、专家组及救治医疗队;专家组由多个学科的医疗应急专家构成,负责为应急救援及事故分析提供专业意见。将责任分工明确,保证监督实施,并定期和不定期检查放射安全工作,防止放射事故的发生。制定放射性事故的应急预案、做好充分的应急准备是及时有效地应对核辐射突发事件的关键。同时科学合理的应急救援能够最大化降低事故的危害,减少人员伤亡和财产损失。但是,如果医院未能对核辐射突发事件高度警惕或对核辐射事故应急处理放松警惕,就会导致医院应急响应反应迟缓、应急救援不利。因此,首先要提高国内医院对核辐射突发事件的危机意识,监督全国各级医院编制辐射事故应急预案并进行定期培训、演练,切实提高医院对核辐射突发事件的应急处理能力,做到有备无患。

16 核或辐射损伤疾病的身心康复

在自然、工业、医疗等环境中,人体均会受到一定的辐射。辐射是能量以电磁波或粒子的形式向外扩散。其中电离辐射是指能在生物物质中使分子或原子发生电离,产生离子对的辐射。人体受到不同程度的电离辐射有可能产生各种有害的生物效应。

按辐射效应出现时间可分为近期效应和远期效应。近期效应又分为急性和慢性。远期效应比如癌症、遗传病等一般出现在辐射发生后数年或数十年。国际放射防护委员会将辐射有害效应分为随机性效应和确定性效应。随机性效应指的是受到照射的细胞不是被杀死而是仍然存活但发生了变化,其发生概率随剂量的增加而增加,但其严重程度则与剂量的大小无关,主要包括致癌效应和遗传效应。当人体受到的辐射剂量超过一定的阈值后,确定性效应才会发生,效应的严重程度与剂量成正比关系。

不同器官组织的辐射敏感性不同,多细胞生物发生初期(例如胎儿的所有器官)和细胞分裂旺盛的器官(例如生殖细胞、造血组织、肠上皮、免疫系统、癌细胞)辐射敏感性高,其次为肾、肝、肺、唾液腺、晶状体等,而成人的神经和大脑的大部分、肌肉、成熟的血细胞(淋巴球例外)等细胞分裂缓慢的组织辐射敏感性较低。

另外,辐射事件对受照者及应急救援人员均会造成较大的心理创伤,患者可能存在焦虑、抑郁、恐惧等表现,甚至在治疗过程中出现抵触情绪,严重干扰治疗活动。辐射损伤心理应激的一般适应综合征(GAS)可分为三个阶段:警觉期、抵抗期、衰竭期。研究表明心理干预有助于提高患者治疗满意度和对疾病的认识程度,从而提高患者的生活质量,对患者心身康复有积极作用。因此,在治疗辐射损伤过程中,不能仅追求临床指标的恢复,还要关注患者的心身健康。

随着生物—心理—社会医学模式的发展,心身康复在辐射事件中的作用变得极为重要。辐射事件发生后,要根据预估辐射剂量、实验室检查、临床症状等诊断辐射损伤部位及严重程度,进行治疗。在病情稳定后,还需对出现的功能障碍进行康复评定和治疗,心理干预则需贯穿全程,帮助患者更好地配合临床治疗,消除患者不良心理,由此达成辐射损伤的身心康复模式。需随访出院患者的疾病恢复状况及心身健康状况,使其在社区继续进行康复训练与素质训练,防止心身疾病的复发或恶化,增强社会适应能力,为重返社会做好躯体、心理两方面的准备。

辐射损伤的身心康复流程大致如下。

(1) 躯体功能康复

康复评定:感觉与知觉功能评定;肌张力评定、肌力评定、关节活动范围评定、步态分析;神经电生理评定、平衡与协调功能评定、反射的评定;心肺运动试验;糖尿病康复疗效评定(包括血糖、HbA1c、血压、血脂及 BMI);多因素疼痛调查评分、临床痉挛指数(CSI)、烧伤面积及深度的评定;日常生活活动能力的评定、进行生活质量评定、劳动力评定和职业评定。

康复治疗:皮肤采用紫外线照射、超短波治疗、激光等治疗,改善血液循环;蜡疗、超声波等治疗松解粘连、软化瘢痕;神经系统包括作业治疗、言语治疗、构音障碍训练、吞咽治疗、认知知觉功能障碍训练等；运动系统包括肌力训练、关节活动度训练、耐力训练、牵伸训练、平衡与协调功能训练、步态训练等；呼吸功能训练、有氧运动可提高心肺功能。

（2）辐射损伤心身康复

受到辐射损伤的患者，不管是辐射发生时的急性心理反应，还是损伤部位的言语吞咽障碍、脊髓损伤、甲亢等导致的慢性心理反应，都可能产生不同程度的焦虑、恐慌、抑郁、苦恼、自卑等心理。而辐射导致的器质性颅脑损伤、神经源性损伤、抑郁症、老年性痴呆等均可造成认知功能障碍。只有对辐射损伤患者进行躯体功能的康复和心理干预，才能保证其心身健康。

1）心理康复

① 心理功能评定：智力测验如韦克斯勒智力量表；人格测验如艾森克人格问卷、明尼苏达多相人格问卷；焦虑、抑郁等情绪测验如 Hamilton 焦虑量表（HAMA）、Hamilton 抑郁量表（HAMD）、症状自评量表（SCL－9）、自评焦虑量表（SAS）、状态—特质焦虑量表（STAI）、焦虑敏感指数（ASI）；阿森斯失眠量表、简明精神病评定量表（BPRS）、残疾心理反应等。

② 心理功能康复：支持性心理治疗能即使缓解患者的焦虑与恐惧、理性情绪疗法、音乐疗法；行为疗法常有系统脱敏疗法、冲击疗法、预防法、运动疗法等；另外还有认知疗法、心理分析疗法、催眠疗法、健康教育、危机干预法、家庭心理治疗等。

③ 药物治疗：丁螺环酮片、米氮平片治疗急性焦虑症；抗焦虑、抑郁药如舍曲林、奥氮平、阿米替林、苯乙肼、氟西汀、米那普仑、曲唑酮、阿戈美拉汀等；镇静药如咪达唑仑、氟马西尼、苯巴比

妥等；

2）认知康复

① 认知功能评定：认知功能障碍筛查如蒙特利尔认知评估（MoCA），简易精神状态检查如卡恩-戈德法布试验及简短精神状态量表（MMSE），全面认知评定如 Halstead‐Reitan 成套神经心理测验、洛文斯顿作业疗法认知评定成套测验，记忆测验如韦氏记忆量表，知觉障碍评定如空间障碍评定、失用症评定。

② 认知功能康复：记忆障碍康复如恢复记忆法、行为补偿法、改善编码和巩固损伤策略；注意障碍康复如促进觉醒策略；知觉康复如视觉空间认知康复、失用症康复；机能整体康复如强调意识、情感上承认残留缺陷、补偿或矫正认知残损等。

③ 药物治疗：抗氧化类药包括维生素 E、褪黑激素等；治疗痴呆药物包括美金刚、多奈哌齐、利斯的明、加兰他敏等。

3）其他干预方法

① 信息沟通和科普宣传：良好的信息沟通可以避免产生大范围的社会恐慌，可以减轻受事故影响公众的不良情绪反应。应在辐射事件发生前对公众进行健康宣教、科普宣传，起到增强公众心理素质，预防心理障碍的作用。信息沟通的实施主体应是政府权威部门，实施的方式可以是开新闻发布会、向公众发放科普资料，或是电视、广播、报纸、网络、手机短信等媒体手段的综合利用。多媒体多渠道对公众进行辐射与健康宣传，包括对学校教师进行辐射防护知识的宣传和培训、医务人员多元化开展辐射基层的流动科普服务等。

② 心理咨询：通常由心理咨询师与单个来访者一对一地进行，也可以将具有同类问题的来访者组成小组或较大的团体，进行

共同讨论、指导或矫治。其核心是谈话，谈话中包含了一些治疗因素，使受害者减少孤独感，获得健康帮助。对辐射工作人员的谈话内容主要有评估对象对访谈性质的理解与期待、本人自我功能与力量、主要困难等。